21 世纪高等学校计算机应用技术规划教材

Visual Basic 程序设计实验教程

陈爱萍　主　编

涂　英　李　岚　副主编

清 华 大 学 出 版 社

北　京

内 容 简 介

本书是与《Visual Basic 程序设计教程》(涂英主编,清华大学出版社出版)相配套的实验教程,结合课程教学和实验的特点,本书在章节安排上与主教材的章节有所不同,但与其实验安排相符。本书针对各个章节的知识点及重点、难点,设计相应的实验内容。全书分为 Visual Basic 6.0 基础实验指导篇、Visual Basic 6.0 程序设计提高篇、Visual Basic 6.0 综合练习题及解答和附录 4 大部分。第一部分精选了14 个实验,每个实验都包括知识点精梳、实验内容、实验问答题和常见错误分析 4 部分,帮助学生在学习Visual Basic 程序设计的过程中掌握重点、解决难点、自我测试;第二部分提供了 Visual Basic 多媒体设计等 3 个提高性实验;第三部分包括基础概念性的选择题、填空题和程序修改题,并提供了参考答案;第四部分内容供学生编程时查阅参考。书中全部实例均在 Windows XP、Visual Basic 6.0 环境下调试通过。

本书适合各类高等院校各有关专业的本科生、大专生学习使用,同时也适合程序设计爱好者学习参考。

图书在版编目(CIP)数据

Visual Basic 程序设计实验教程/陈爱萍主编. —北京:清华大学出版社,2010.2
(21 世纪高等学校计算机应用技术规划教材)
ISBN 978-7-302-21637-7

Ⅰ. ①V… Ⅱ. ①陈… Ⅲ. ①BASIC 语言—程序设计—高等学校—教材
Ⅳ. ①TP312

中国版本图书馆 CIP 数据核字(2010)第 015897 号

责任编辑:魏江江 李玮琪
责任校对:梁 毅
责任印制:李红英

出版发行:清华大学出版社　　　　　　　　　　地　　　址:北京清华大学学研大厦 A 座
　　　　　http://www.tup.com.cn　　　　　　　邮　　　编:100084
　　　　　社　总　机:010-62770175　　　　　邮　　　购:010-62786544
　　　　　投稿与读者服务:010-62776969,c-service@tup.tsinghua.edu.cn
　　　　　质　量　反　馈:010-62772015,zhiliang@tup.tsinghua.edu.cn
印　装　者:清华大学印刷厂
经　　　销:全国新华书店
开　　　本:185×260　印　张:11.25　字　数:278 千字
版　　　次:2010 年 2 月第 1 版　　印　　次:2010 年 2 月第 1 次印刷
印　　　数:1～3000
定　　　价:19.00 元

产品编号:036256-01

编审委员会成员

	孙　莉	副教授
浙江大学	吴朝晖	教授
	李善平	教授
扬州大学	李　云	教授
南京大学	骆　斌	教授
	黄　强	副教授
南京航空航天大学	黄志球	教授
	秦小麟	教授
南京理工大学	张功萱	教授
南京邮电学院	朱秀昌	教授
苏州大学	王宜怀	教授
	陈建明	副教授
江苏大学	鲍可进	教授
武汉大学	何炎祥	教授
华中科技大学	刘乐善	教授
中南财经政法大学	刘腾红	教授
华中师范大学	叶俊民	教授
	郑世珏	教授
	陈　利	教授
江汉大学	颜　彬	教授
国防科技大学	赵克佳	教授
中南大学	刘卫国	教授
湖南大学	林亚平	教授
	邹北骥	教授
西安交通大学	沈钧毅	教授
	齐　勇	教授
长安大学	巨永峰	教授
哈尔滨工业大学	郭茂祖	教授
吉林大学	徐一平	教授
	毕　强	教授
山东大学	孟祥旭	教授
	郝兴伟	教授
中山大学	潘小轰	教授
厦门大学	冯少荣	教授
仰恩大学	张思民	教授
云南大学	刘惟一	教授
电子科技大学	刘乃琦	教授
	罗　蕾	教授
成都理工大学	蔡　淮	教授
	于　春	讲师
西南交通大学	曾华燊	教授

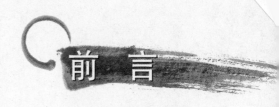

前　言

近年来,许多高校非计算机专业都开设了"Visual Basic 程序设计"课程,把 Visual Basic 作为大学生学习计算机程序设计的入门语言。我们根据多年从事计算机基础教学的实践经验,按照"Visual Basic 程序设计"课程教学大纲和"Visual Basic 程序设计"实验教学大纲的要求,编写了这本《Visual Basic 程序设计实验教程》。在编写过程中,从培养学生扎实的基础和提高学生能力两方面入手,结合课程和实验的特点,在章节安排上与主教材的章节有所不同,但与其实验安排相符。在 Visual Basic 6.0 基础实验指导篇中,每一章内容都是针对程序初学者而精心设计的,主要内容是大学非计算机专业"Visual Basic 程序设计"课程的必修教学实验。Visual Basic 6.0 程序设计提高篇,可以满足不同层次学生的需要,在教学中可酌情选做。Visual Basic 6.0 综合练习题及解答,可以供学生在学习"Visual Basic 程序设计"课程后进行复习和自我测试。

需要说明的是,本书的侧重点在 Visual Basic 基础实验指导篇上,每章分为"知识点精梳"、"实验内容"、"实验问答题"和"常见错误分析"4 个部分。

在"**知识点精梳**"中归纳了本实验所要用到和完成本实验所应该掌握的一些基本知识和主要内容。

在"**实验内容**"中给出了本次实验要求达到的目的,整个实验就是围绕这些目的而展开的,并且给出了精心设计的上机操作的实验范例,每个实验范例都列出了具体的操作步骤、程序代码及分析,力求给学生一个操作示范。"实验内容"中的程序设计题是要求学生独立完成的实验题。

"**实验问答题**"是针对本次实验的重点和难点,进行分析讨论,以加深学生对所学知识的理解和掌握。

"**常见错误分析**"是将多年来教学中遇到的问题和难点分析提供给学生做参考,可以使初学者少走弯路,提高调试程序的效率。

本书由长期工作在教学第一线并具有丰富计算机基础教学经验的多位教师共同编写而成。参加本书编写工作的有陈爱萍、涂英、李岚,全书由陈爱萍担任主编,涂英和李岚担任副主编,并由陈刚审稿。本书的编写工作得到了江汉大学数学与计算机学院计算中心全体教师的支持和帮助,在此一并表示感谢。

由于编者水平有限,加上时间仓促,书中难免有错漏和不当之处,恳请各位读者批评指正。

编　者
2009 年 8 月

目 录

第一部分 Visual Basic 6.0 基础实验指导篇

第一部分

Visual Basic 6.0 基础实验指导篇

第1章

Visual Basic 环境和程序设计初步

1.1 知识点精梳

Visual Basic 提供了可视化的设计平台,采用的是面向对象的设计方法和事件驱动的编程机制,是一种结构化的程序设计语言。在用 Visual Basic 进行程序设计之前,首先要正确理解 Visual Basic 的对象、属性、事件及方法等几个重要概念,正确理解这些概念是设计 Visual Basic 应用程序的基础。

1. Visual Basic 6.0 集成开发环境(IDE)

(1) 主窗口:同其他 Windows 应用程序一样,Visual Basic 6.0 的主窗口也包含标题栏、菜单栏和工具栏。如图 1-1-1 所示。

图 1-1-1　Visual Basic 6.0 的主窗口

① 标题栏：标题栏中的"工程 1-Microsoft Visual Basic[设计]"说明此时的集成开发环境处于设计模式。在进入其他状态时，方括号中的文字将作相应的变化。

VB 有 3 种工作模式：设计模式、运行模式和中断模式。

② 菜单栏：VB 的菜单栏包含了使用 VB 所需要的命令。它除了提供标准的"文件"、"编辑"、"视图"、"窗口"和"帮助"菜单外，还提供了编程专用的功能菜单，如"工程"、"格式"、"调试"、"外接程序"等，VB 共提供了 13 个菜单，如图 1-1-2 所示。

图 1-1-2   VB 的菜单栏

③ 工具栏：工具栏在编辑环境下提供对于常用命令的快速访问。单击工具栏上的按钮，即可执行该按钮所代表的操作。图 1-1-3 显示了固定形式的标准工具栏，共有 21 个图标（快捷按钮），代表了 21 种操作。

图 1-1-3   VB 的工具栏

（2）**窗体设计窗口**：窗体设计窗口是屏幕中央的主窗口，它可以用来设计应用程序的界面。用户可以通过在窗体中添加控件来创建所希望的外观。每个窗体都必须有一个窗体名字，建立窗体时默认名为 Form1、Form2、…，应注意窗体名即 Name 属性和窗体文件名即 Caption 属性的区别。

（3）**工程资源管理器**：工程是指用于创建一个应用程序的文件集合。工程资源管理器列出了当前工程中的窗体和模块，如图 1-1-4 所示。"工程资源管理器"窗口中有 3 个按钮，分别表示"查看代码"、"查看对象"和"切换文件夹"。

（4）**属性窗口**：属性是指对象的特征，如大小、标题、颜色等。在 Visual Basic 6.0 设计模式中，"属性"窗口列出了当前选定窗体或控件的属性的值，用户可以对这些属性值进行设置。如图 1-1-5 所示。

（5）**窗体布局窗口**："窗体布局"窗口显示在主窗口的右下角。用户可使用表示窗体的小图像来布置应用程序中各窗体的位置。这个窗口在多窗体应用程序中很有用，通过它可以指定每个窗体相对于主窗体的位置。如图 1-1-6 所示为桌面上两个窗体的放置及其相对位置。可以通过右击表示窗体的小图像弹出的快捷菜单来对窗体进行设计，如要设计窗体 Form2 的启动位置居屏幕中心，其操作如图 1-1-7 所示。

（6）**对象浏览器**：通过"视图"的"对象浏览器"命令打开"对象浏览器"窗口，如图 1-1-8 所示。在"对象浏览器"窗口中可以查看 VB 系统中的所有库，包括对象库、类型库、类、方法、属性、事件及系统常数等；还可以选择当前使用的工程来查看工程中的有效对象，如图 1-1-9 所示。

图 1-1-4　工程资源管理器

图 1-1-5　"属性"窗口

图 1-1-6　"窗体布局"窗口　　　图 1-1-7　设计窗体 Form2 的启动位置居屏幕中心

图 1-1-8　"对象浏览器"窗口

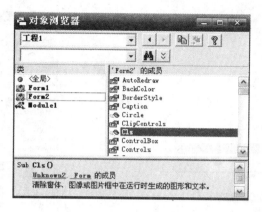

图 1-1-9　在"对象浏览器"窗口中查看工程中的有效对象

（7）**代码窗口**：在设计模式中，双击窗体或窗体上的任何对象或单击"工程资源管理器"窗口中的"查看代码"按钮都可以打开代码窗口。代码编辑器是输入应用程序代码的编辑器，如图 1-1-10 所示。此外，VB 还提供了几个非常有用的附加窗口，如立即窗口、本地窗口和监视窗口。它们是为了调试应用程序提供的，其中本地窗口和监视窗口只在运行工作模式下才有效。

（8）**工具箱**：工具箱提供了一组工具，是设计时在窗体中放置控件生成应用程序的用户接口，当启动 VB 6.0 后默认的 General 工具箱就会出现在主窗口左边，上面共有 21 个常用"部件"，如图 1-1-11 所示。

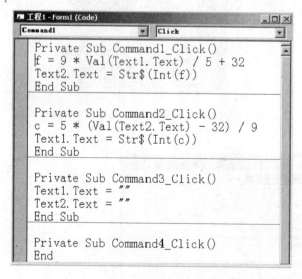

图 1-1-10　代码编辑器窗口

图 1-1-11　工具窗口

2. VB 中的对象及其三要素

在 VB 中，构成用户界面的窗体和窗体中的每个控件都是一个对象。对象具有三要素：属性、方法和事件。

（1）**属性**：用于描述对象的外部特征。不同的对象具有不同的属性，也有一些属性是公共的。利用属性窗口或代码窗口可对对象的属性进行设置。

（2）**方法**：是附属于对象的行为和动作。它实际上是对象本身所含的一些特殊的函数或过程，通过调用这些函数或过程可实现相应的动作。

（3）**事件**：是对象可以识别的动作，各个对象的事件是由系统定制的。每个对象对每个可以识别的事件都有一个事件过程，VB 编程的核心就是编写要处理的事件的事件过程。

3．窗体和基本控件

窗体对象是 VB 应用程序用户界面的基础。以窗体作为"父对象"，利用工具箱中的工具在窗体上添加必要的作为"子对象"的控件，设置必要的对象属性，以构成 VB 应用程序与用户的交互界面。

1.2　实验内容

【实验目的】

（1）掌握启动与退出 Visual Basic 的方法。
（2）熟悉 Visual Basic 6.0 集成开发环境。
（3）掌握建立、编辑和运行一个简单的 Visual Basic 应用程序的全过程。
（4）掌握窗体及常用控件（文本框、标签、命令按钮）的应用。

【实验准备】

（1）预习建立、编辑、运行一个简单的 VB 应用程序的全过程。
（2）熟悉 VB 编程的基本步骤。
（3）熟悉常用控件及其设置方法。

【实验内容】

1．基本练习

（1）VB 6.0 的启动与退出。
（2）认识 VB 6.0 集成开发环境（菜单命令、工具按钮、各种窗口的作用及调出方法）。

（3）VB 6.0 集成开发环境的设置（选择"工具"→"选项"命令）。

（4）对象的建立和编辑（对象的建立、选定、复制、删除、命名等）。

（5）窗体及常用控件（标签、文本框、命令按钮等）的主要属性、方法和事件。

2. 实验范例

编写一个程序，在屏幕上显示"欢迎您使用 Visual Basic!"，并提供一个文本框用于输入用户的名字。

操作步骤如下。

启动 VB 开发环境，进入设计模式（即出现 Form1 窗口）。如图 1-1-12 所示。

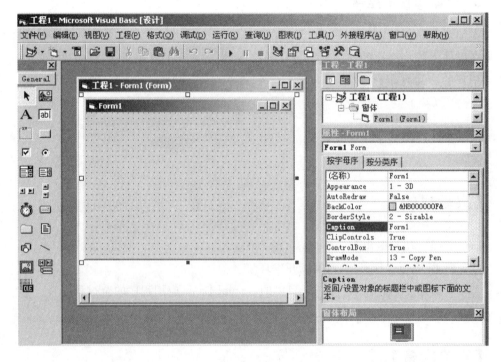

图 1-1-12　VB 设计模式窗口

（1）界面设计。设计一个良好的用户界面需遵守下面 4 条原则。

① 了解用户的习惯；

② 保持简单的风格；

③ 允许用户的错误，并给予提示；

④ 让用户了解他在程序中的位置。

根据实验题目要求，界面设计如图 1-1-13 所示。窗体中共有 2 个标签、1 个文本框和 1 个命令按钮。

它们建立的过程如下。

① 在工具箱中单击标签控件（Label），然后在 Form1 窗口的适当位置按住鼠标左键

图 1-1-13 界面设计

进行拖动,将产生 Label1 标签控件;

② 仿照上述步骤,在 Form1 窗口上另一适当位置,产生 Label2 标签控件;

③ 在工具箱中单击文本框控件(TextBox),然后在 Form1 窗口的适当位置按住鼠标左键进行拖动,将产生 Text1 文本框控件;

④ 在工具箱中单击命令按钮控件(CommandButton),然后在 Form1 窗口的适当位置按住鼠标左键进行拖动,将产生 Command1 命令按钮控件。

(2) 属性设置。本实验中各对象的有关属性设置见表 1-1-1。

表 1-1-1 各对象的属性设置

默认控件名	标题(Caption)	文本(Text)	字号(FontSize)磅值
Form1	实验 1.1	无定义	10
Label1	欢迎您使用 Visual Basic!	无定义	18
Label2	请输入您的名字:	无定义	10
Text1	无定义		10
Command1	结束	无定义	12

注意:属性表中的"无定义"表示该对象无此属性,"空白"表示无内容。以下同。

属性的设置可以通过两种方法实现:在属性窗口中设置;在代码中设置。

一般来说,对于反映对象外观特征的一些不变的属性可以在属性窗口中设置,而一些内在的可变的属性则在代码中设置。

在属性窗口中设置属性的步骤如下。

① 单击窗体，在其 Caption 属性栏中输入"实验 1.1"，在其 Font 属性栏中选择宋体，字号（大小）选择 10；

② 单击 Label1 控件，在其 Caption 属性栏中输入"欢迎您使用 Visual Basic！"，在其 Font 属性栏中选择宋体，可以加粗，字号选择 18；

③ 单击 Label2 控件，在其 Caption 属性栏中输入"请输入您的名字："，在其 Font 属性栏中选择宋体，字号选择 10；

④ 单击 Text1 控件，在其 Text 属性栏中删除"Text1"，使之空白，在其 Font 属性栏中选择宋体，字号选择 10；

⑤ 单击 Command1 控件，在其 Caption 属性栏中输入"结束"，在其 Font 属性栏中选择宋体，字号选择 12。

（3）代码编写。

一般不需要对标签进行编程，文本框本身具有输入编辑功能，因此在本题中，只需对命令按钮 Command1 的常用事件 Click 事件进行编程即可。

双击"结束"命令按钮，进入代码窗口，在 Private Sub Command1_Click()中填入代码。其内容为"END"。

（4）调试运行。

① 调试：执行运行菜单中的"启动"命令，进入运行状态。观察输出的结果，如出现错误或者效果不理想，则需要单击工具栏上的"结束"按钮并反复进行调试，直至得到正确结果。

② 运行：调试后，按 F5 键运行程序，光标在文本框中闪烁，此时可以输入名字，例如"赵点点"。运行结果如图 1-1-14 所示。单击"结束"命令按钮，程序结束运行。

（5）保存程序。

在 VB 环境中，选择"文件"→"保存工程"命令，打开"工程另存为"对话框，该对话框用于保存窗口文件。选择"保存在"下拉列表框中的 E 盘，在"文件名"文本框中输入"工程 1"或自己命名，如图 1-1-15 所示。

图 1-1-14　程序运行结果

图 1-1-15　保存程序

注意,如果是对一个已有工程进行修改后再存盘,该对话框不再出现,此时,若要保存改动后的窗体文件,需选择"文件"→"保存工程 1. frm"命令。若要改变保存路径,则选择"工程 1. frm 另存为"命令。

如果在操作过程中遇到如图 1-1-16 所示的源代码控制对话框,如果没有特别的要求,一般单击"No"按钮即可。

图 1-1-16 源代码控制对话框

3. 程序设计题

(1) 在窗体上添加 3 个命令按钮,其标题分别为显示、清屏、结束。当单击"显示"按钮时,利用窗体对象的 Print 方法实现在窗体上显示文字"欢迎您!",当单击"清屏"按钮时,利用窗体对象的 Cls 方法清除所显示的文字信息。窗体中显示的字体、大小及字体效果,可在窗体窗口中,通过窗体对象的 Font 属性设置。当单击"结束"按钮时,程序结束。

(2) 在窗体上添加 1 个名称为 Text1 的文本框和 1 个名称为 Command1 的命令按钮,然后编写 1 个事件过程。程序运行后,如果单击 Command1 按钮,就在文本框中显示"计算机等级考试",如图 1-1-17 所示。

(3) 在窗体上添加 1 个文本框和 2 个命令按钮,并把 2 个命令按钮的标题分别设置为"隐藏文本框"和"显示文本框"。程序运行后,当单击"隐藏文本框"按钮时,文本框消失;当单击"显示文本框"按钮时,文本框重新出现,并在文本框中显示"VB 程序设计"(字号大小为 16)。运行界面如图 1-1-18 所示。

图 1-1-17 程序设计题(2)运行界面

图 1-1-18 程序设计题(3)运行界面

(4) 编写程序,用来设置窗体的位置和大小。要求程序运行后,窗体的初始位置为 (3000,3000),其初始宽度和高度均为 5000。单击 1 次窗体后,窗体位置的 X 坐标和 Y 坐标各减少一半,其宽度和高度均减少到原来的一半。

(5) 在窗体上添加 1 个标签、2 个文本框和 1 个命令按钮,并把命令按钮的标题设置为"显示"。程序运行后,在第一个文本框中任意输入若干个字符,并选择其中部分字符,单击"显示"按钮时,窗体上显示被选择字符的个数,标签中显示被选择字符的开始位置,第二个文本框中显示被选择字符的内容。运行界面如图 1-1-19 所示。(提示:通过文本框的动态属性 selstart,sellength 和 seltext 可得到被选择字符的开始位置、个数和内容。)

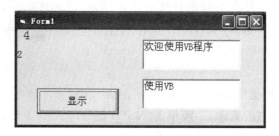

图 1-1-19　程序设计题(5)运行界面

1.3　实验问答题

（1）如果想改变实验范例中文字"请输入您的名字"的颜色，应该怎样做？

（2）实验范例中，如果不使用标签显示"欢迎您使用 Visual Basic！"，还可以采用其他什么方法？请举例说明。

（3）说出 3 种在窗体上显示字符的方法。

1.4　常见错误分析

1. 在 VB 集成环境中没有显示工具箱等窗口

只要选择"视图"→"工具箱"命令就可显示工具箱窗口；同样，选择"视图"菜单中的有关命令即可显示对应的窗口。

2. 标点符号错误

在 VB 中只允许使用西文标点，任何中文标点符号在程序编译时都会产生"无效字符"错误，系统在该行以红色字体显示。用户在进入 VB 后不要使用中文标点符号。

3. 对象名称（Name）属性写错

在窗体上创建的每个控件都有默认的名称，用于在程序中唯一地标识该控件对象。系统为每个创建的对象提供了默认的对象名。如 Text1、Text2、Command1、Label1 等。用户也可以将属性窗口的（名称）属性改为自己所指定的可读性好的名称，如 txtInput、txtOutput、cmdOk 等。对初学者，由于程序较简单、控件对象使用较少，还是用默认的控件名比较方便。

当程序中的对象名写错时，系统显示"要求对象"的信息，并对出错的语句以黄色背景显示。用户可以在代码窗口的"对象"下拉列表框中检查该窗体所使用的对象。

4．Name 属性和 Caption 属性混淆

Name 属性的值用于在程序中唯一地标识该控件对象,在窗体上不可见;Caption 属性的值是在窗体上显示的内容。

5．对象的属性名、方法名写错

当程序中对象的属性名、方法名写错时,VB 系统会显示"方法或数据成员未找到"的信息。在编写程序代码时,应尽量使用自动列出成员功能,即当用户在输入控件对象名和句点后,系统会自动列出该控件对象在运行模式下可用的属性和方法,用户按空格键或双击即可,这样既可减少输入,也可避免出现此类错误。

6．变量名写错

用 Dim 声明的变量名,在后面的使用中表示同一变量而写错了变量名,VB 编译时就认为是两个不同的变量。因此,为防止此类错误发生,必须对变量声明采用显式声明方式,也就是在通用声明段加 Option Explicit 语句。

7．无意形成控件数组

本来是要在窗体上创建多个命令按钮,无意中先创建了一个命令按钮控件(Command1),然后利用该控件进行复制、粘贴,即成为一个 Command1 的控件数组,一定要特别注意控件数组和控件的区别。

第2章

数据类型、运算符和表达式

2.1 知识点精梳

1. VB 的数据类型

计算机程序处理的对象是数据,VB 语言支持 11 种基本数据类型。不同的数据类型支持不同的操作,具有不同的取值范围,参见教材有关内容。

2. 常量和变量

1) 常量

(1) 直接常量。

字符串常量:用双引号括起,如"abcdef"、"678910"。

逻辑常量:只有 True 和 False 两个值。

整常量:有 3 种形式,如 1234(十进制)、&H12A(十六进制,以 &H 开头)、&O123(八进制,以 &O 或 & 开头)。

长整常量:有 3 种形式,如 12345678(十进制)、&H12A&(十六进制,以 &H 开头,以 & 结尾)、&O123&(八进制,以 &O 或 & 开头,以 & 结尾)。

单精度常量:有 3 种形式,如 12.34、123!、123.45E-5。

双精度常量:有两种形式,如 12.34#、123.45D-5。

日期常量:用一对 # # 括起,如 #01/18/2009#、#12:30:48#。

(2) 用户自定义常量。

定义:Const 常量名=表达式

例如,Const PI=3.14159,通常为区分明显,用户定义的常量名可以用大写表示,常量名在程序中只能引用,不能改变。

(3) VB 系统提供的常量。

系统定义的常量位于对象库中,在"对象浏览器"窗口中的 Visual Basic(VB)、Visual

Basic for Applications(VBA)等对象库中列举了 Visual Basic 的常量。如 vbEmpty、vbInteger、vbNorma。

2）变量

变量名作为 VB 的一种标识符,命名时需遵循一定的规则。变量使用前最好先通过变量声明,指定其类型,否则,默认为 Variant 可变类型变量。变量声明后就有了一个默认的初值,不同类型的变量具有不同的初值。

3. 表达式

VB 表达式分为算术表达式、关系表达式和逻辑表达式三种,分别由不同的运算符和不同类型的数据构成。表达式中数据之间必须有运算符,不可省略。由字母组成的运算符,如 Mod、And、Not 等,其前、后都必须有空格符号。

4. 运算符及优先级

在计算表达式的值时,要注意按照运算符的优先级由高到低的顺序进行运算。运算符的优先级见表 1-2-1。

表 1-2-1　运算符的优先级

运 算 类 别	运　算　符	优　先　级
算术运算符	^,—,*,\,/,Mod,+,—	高到低
字符运算符	+,&	同级
关系运算符	=,>,>=,<,<=,<>,Is,Linke	同级
逻辑运算符	Not,And,Or	高到低

2.2　实验内容

【实验目的】

（1）了解 VB 中数据类型的基本概念。

（2）掌握变量、常量的定义规则。

（3）掌握各种运算符的功能和表达式的组成及求值。

（4）掌握 VB 中部分常用标准函数的功能和用法。

【实验准备】

（1）着重领会 VB 6.0 语言的基础内容,如程序代码的构成规则及变量、常量、表达式、函数等。

(2) 掌握表达式、赋值语句的正确书写规则。

(3) 熟悉"立即"窗口的使用。

【实验内容】

1. 实验范例

编写一个华氏温度与摄氏温度之间转换的程序。

程序运行后,单击"转为华氏"按钮,则将摄氏温度转换为华氏温度。同样,单击"转为摄氏"按钮,则将华氏温度转换为摄氏温度。运行界面如图 1-2-1 所示。要使用的转换的公式是

$F=(9/5)C+32$　　　　　　　　　　摄氏温度转换为华氏温度,F 为华氏度;

$C=(5/9)(F-32)$　　　　　　　　　华氏温度转换为摄氏温度,C 为摄氏度。

图 1-2-1　华氏温度与摄氏温度的转换程序的运行界面

操作步骤如下。

(1) 界面设计。根据题目要求,界面设计如图 1-2-1 所示。在窗体上建立控件的过程与前面实验中过程相同。

(2) 属性设置。见表 1-2-2。

表 1-2-2　属性设置

默认控件名	标题(Caption)	文本(Text)
Form1	实验 2.1.1	无定义
Lbael1	摄氏温度	无定义
Label2	华氏温度	无定义
Text1	无定义	无定义
Text2	无定义	无定义
Command1	清除	无定义
Command2	退出	无定义

（3）代码编写。

需对 4 个命令按钮的单击事件进行编程。如图 1-2-2 所示。

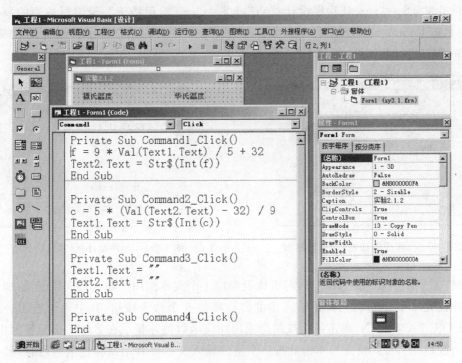

图 1-2-2　命令按钮的单击事件代码

（4）调试运行。

① 调试：选择"运行"→"启动"命令，进入运行状态。在"华氏温度"文本框中输入任意温度值，单击"转为摄氏"按钮并观察输出结果，如出现错误或效果不理想，则需要单击"结束"按钮并反复调试，直至得到正确结果。反之，还可以在"摄氏温度"文本框中输入任意温度值，单击"转为华氏"按钮并观察输出结果。

② 运行：调试后，按 F5 键运行，任意输入不同的温度值，进行转换，输出结果如图 1-2-1 所示。单击"转为摄氏"按钮，实现从华氏温度到摄氏温度的转换；单击"转为华氏"按钮，实现从摄氏度到华氏度的转换；单击"清除"按钮，两个文本框中的内容被清除；单击"退出"按钮，结束程序。

2. 程序设计题

（1）计算下列表达式和函数的值，然后在立即窗口中用 Print 命令验证这些表达式的结果。

65\3 Mod 2.6＞Fix(3.7)	279.37＋"0.63"＝280
(Not True or True)And Not True	＃11/22/99＃－10
"ZYX" & 123 & "ABC"	Int(Abs(99－100)/2)
Val("16 Year")	Str(－459.65)

（2）输入半径，计算圆的周长和圆的面积，运行界面如图 1-2-3 所示。

（3）在窗体上添加 1 个名称为 Command1 的命令按钮和 1 个名称为 Text1 的文本框。设变量 a＄＝"pascal 程序设计技巧"，b＄＝"c++编程指南"，请编写适当的事件过程，当单击 Command1 按钮后，用函数在变量 a 和 b 中各取出部分字符赋给文本框，显示"C++程序设计指南"。如图 1-2-4 所示。

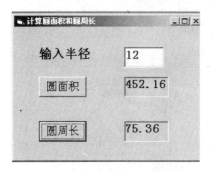

图 1-2-3　程序设计题（2）运行界面

图 1-2-4　程序设计题（3）运行界面

（4）设计一个三角函数计算器，窗体上添加 1 个文本框用于输入角度数值，添加 1 个标签并设置 Caption 属性为"请输入角度值"，添加 6 个命令按钮，其中 4 个按钮分别为 SIN、COS、TAN、ATN，单击某个按钮会求出相应函数值并显示在另外 1 个标签框中，另外两个按钮，一个为"清除"，单击此按钮会清除输入文本框和结果标签框的内容，另一个为"退出"，单击"退出"按钮结束程序。运行界面如图 1-2-5 所示。

（5）单击窗体，在窗体的任意位置显示任意大小，任意颜色的五角星，运行界面如图 1-2-6 所示。（提示：CurrentX 和 CurrentY 定义打印位置，RGB 表示颜色，配合 rnd() 实现随机位置和随机颜色。）

图 1-2-5　程序设计题（4）运行界面

图 1-2-6　程序设计题（5）运行界面

2.3　实验问答题

（1）在窗体上设置控件有几种方法，有何区别？

（2）为对象进行属性设置有几种方法，有何区别？

（3）在过程 Private Sub Form_Load() 中填入代码，意味着什么？

假如有语句：Print "vb is fun!" 将它放置在 form 的 load 事件中，用户能看到执行结果吗？还需进行什么设置？

2.4 常见错误分析

1. 逻辑表达式书写错误，在 VB 程序中没有造成语法错误而形成逻辑错误

例如，将数学中表示变量 x 在一定数值范围内的表达式，如 $3 \leqslant x < 10$，以 VB 的逻辑表达式表示，写成 $3 <= x < 10$ 时，在其他语言中将产生语法错误，而在 VB 中不会产生语法错误，程序能运行，但不管 x 的值为多少，表达式的值永远为 True，将导致程序的逻辑错误。

因为在 VB 中，当两个不同类型的变量或常量参加运算时，有自动向精度高的类型转换的功能。例如，逻辑常量 True 转换为数值型的值为 -1，False 为 0；反之，数值型非 0 转换为逻辑型的值为 True，0 转换为 False。同样，如果数字字符与数值运算，数字字符转换为数值型。

例如，语句 Print True + 3   '显示的结果是 2

          Print "123" + 100   '显示的结果是 223

          Print #5/1/2000# + 3   '显示的结果是 00-5-4

因此，表达式 $3 <= x < 10$ 的计算过程是：首先根据 x 的值计算 $3 <= x$，结果总为 True 或 False，然后该值（-1 或 0）与 10 比较永远为 True。

$$\underset{\underset{②}{\underbrace{\qquad\qquad\qquad\qquad}}}{\underset{①}{\underbrace{3 <= x}} < 10}$$

所以，正确的 VB 表达式书写应该为

$$3 <= x \text{ And } x < 10$$

2. 同时给多个变量赋值，在 VB 程序中没有造成语法错误而形成逻辑错误

例如，要同时给 x、y、z 三个整形变量赋初值 1，如果写成下面的形式

$$x = y = z = 1$$

在 VB 程序中运行不会出现语法错误，但结果均为 0。原因是在 VB 程序中上述三个 "=" 表示不同的含义，最左边的 "=" 表示赋值号，其余表示为关系运算符等号，因此，将 $y = z = 1$ 作为一个关系表达式，再将表达式的结果赋值给 x。在 VB 中默认数值型变量的初值为 0，即 y、z 变量的值为默认值 0。因此表达式 $y = z = 1$ 的结果为 0，所以 x 赋得的值为 0。

3. 标准函数名

VB 提供了很多标准函数,如 IsNumeric()、Date()、Left()等。当函数名写错时,如将 IsNumeric 写成 IsNummeric,系统显示"子程序或函数未定义",并将该写错的函数名选中提醒用户修改。

如何判断函数名、控件名、属性、方法等是否写错,最方便的方法是当该语句写完后,按 Enter 键,系统把被识别的上述名称自动转换成规定的首字母大写形式,否则为错误的名称。

4. 如何终止程序死循环

编写程序时由于考虑不周而产生死循环时,只要同时按 Ctrl+Break 键就可以终止死循环,然后找出死循环的原因,修改程序。

5. 声明局部变量和窗体级变量的问题

在 VB 程序中,除了大量使用控件对象外,还要使用一些变量,暂时存放一些中间结果。这些变量的声明可以放在过程外的"通用声明"段,也可以放在过程中。两者的区别是:窗体级变量在本窗体的所有过程中均可使用;而局部变量只能在变量所在的过程中使用,即随着本过程的执行而分配存储空间,当执行到 EndSub 语句时,分配的内存空间回收,变量的值也丢失。

第 **3** 章

数据的输入与输出

3.1 知识点精梳

1. 输入对话框函数 InputBox

弹出 InputBox 对话框,在其中的文本框中输入数据,函数返回值为字符类型。

2. MsgBox 函数和过程

函数: 弹出 MsgBox 对话框,提示用户单击按钮,控制程序的流向。

过程: 无返回值,一个按钮,一般用于简单信息的显示。

3. Print 方法

在窗体或图形框中显示表达式内容。通过 Tab( )、Spc( )函数来确定表达式值输出的位置,也可以通过每个输出项之间的分隔符",”或";”来确定输出后的定位,Print 语句后没有分隔符,通常表示输出后换行。

3.2 实验内容

【实验目的】

(1)掌握常用的输入输出控件的使用。

(2)掌握常用的输入输出函数和过程,如 InputBox 函数、MsgBox 函数和 MsgBox 过程的使用。

(3)掌握 Print 方法。

【实验准备】

（1）预习并牢记常用的输入输出控件。

（2）预习并牢记 InputBox 函数、MsgBox 函数和 MsgBox 过程的使用方法。

【实验内容】

1. 实验范例

一元二次方程求根。

注意：输入 a、b、c 三个数可由 3 个文本框来实现，也可以使用 3 次 InputBox＄（）函数，先输入 3 个字符，然后再通过 Val 函数将字符串转换成数值。计算结果通过 MsgBox 过程显示。

操作步骤如下。

（1）界面设计。根据题目要求，界面设计如图 1-3-1 所示。

图 1-3-1　一元二次方程求根程序的运行界面

（2）属性设置。窗体和控件的属性设置见表 1-3-1。

表 1-3-1　窗体和控件的属性设置

默认控件名	标题（Caption）	文本（Text）
Form1	实验 3.1	无定义
Label1	a 的值为	无定义
Label2	b 的值为	无定义
Label3	c 的值为	无定义
Text1	无定义	空白
Text2	无定义	空白
Text3	无定义	空白
Command1	计算并输出方程的两个根	无定义
Command2	清除	无定义
Command3	退出	无定义

（3）代码编写。

```
Private Sub Form1_Load()
a$ = InputBox$("请输入 a 的数值,然后单击确定按钮", "数据输入框", Default)
b$ = InputBox$("请输入 b 的数值,然后单击确定按钮", "数据输入框", Default)
c$ = InputBox$("请输入 c 的数值,然后单击确定按钮", "数据输入框", Default)
Text1.Text = a$
Text2.Text = b$
Text3.Text = c$
End Sub
Private Sub Command1_Click()
a = Val(Text1.Text)
b = Val(Text2.Text)
c = Val(Text3.Text)
d = b^2 - 4 * a * c
p = -b / (2 * a)
X1 = p + Sqr(d) / (2 * a)
X2 = p - Sqr(d) / (2 * a)
MsgBox "x1 = " + Str$(X1) + " " + "x2 = " + Str$(X2), , "二次方程的两根"
End Sub
```

注意：数值型变量 a,b,c 与字符型 a$,b$,c$ 是不同的。

```
Private Sub Command2_Click()
Text1.Text = ""
Text2.Text = ""
Text3.Text = ""
End Sub
Private Sub Command3_Click()
End
End Sub
```

（4）调试运行。

① 调试：选择"运行"→"启动"命令，进入运行状态。分别输入 a、b、c 三个数据并观察输出结果，如出现错误或效果不理想，则单击"退出"按钮结束程序并反复调试，直至得到正确结果。

② 运行：调试后，按 F5 键运行程序。屏幕上出现"数据输入框"对话框，如图 1-3-2 所示。在文本框中分别输入数据，单击"计算并输出方程的两个根"按钮，得到结果如图 1-3-3 所示。

2．程序设计题

（1）用 InputBox 函数显示一个输入对话框，该对话框的标题为"数据查询"。要求用户输入要查的编号，用户输入后，用 MsgBox 函数将用户输入的值再次显示出来。如

图 1-3-4 和图 1-3-5 所示。

图 1-3-2　"数据输入框"对话框

图 1-3-3　一元二次方程求根程序的运行结果

图 1-3-4　程序设计题(1)运行界面

图 1-3-5　程序设计题(1)运行结果

(2) 从键盘上输入 4 个数,编写程序,计算并输出这 4 个数的和及平均值。通过 InputBox 函数输入数据,在窗体上显示输入数据的和及平均值。运行界面如图 1-3-6 所示。(提示:用 Val 函数将输入的字符转换为数值。)

(3) 在窗体上添加 2 个文本框和 1 个标签。程序功能为:在文本框 1 中任意输入一个字符串后,单击窗体,用户通过 InputBox 函数输入一个数 i 后,文本框 2 中显示字符串中的第 i 个字符,标签中显示字符串的长度。例如,在文本框中输入 abcdefg,单击窗体后,在 InputBox 中输入 3,得到如图 1-3-7 所示的运行界面。

(4) 用 MsgBox 函数显示"记录内容已更改,存盘吗?"的消息框,要求消息框显示蓝色问号图标和"是"与"否"两个按钮。若用户单击"是"按钮,则用 MsgBox 过程弹出另一消息框,其消息内容为"记录内容已存盘"。

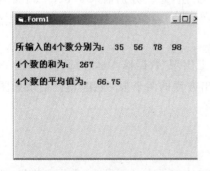

图 1-3-6　程序设计题(2)运行界面

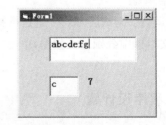

图 1-3-7　程序设计题(3)运行界面

注：程序设计题如(1)、(2)、(3)由学生自行完成。

3.3 实验问答题

(1) MsgBox 作为函数使用与 InputBox 的区别？各自获得的是什么值？

(2) 实验范例中的 MsgBox 语句中有两个逗号","，可否将其中一个删去，为什么？

(3) 实验范例中如果输出不用 MsgBox 过程而采用 MsgBox 函数，代码应该作何改动？是否还有别的输出方式？如果还有，程序应该如何编写？

(4) 假设有下列代码：

```
Private Sub Command1_Click()
Dim a As Integer, b As Integer
a = InputBox("Enteger the First integer")
b = InputBox("Enteger the Second integer")
Print b + a
End Sub
```

程序运行后，窗体上显示的结果是 a 和 b 的和吗？为什么？如果去掉变量声明语句，窗体上会显示什么结果？

3.4 常见错误分析

1. InputBox 函数

InputBox 函数产生一个对话框，这个对话框作为输入数据的界面，等待用户输入数据或单击按钮，并返回所输入的值。其值的类型是字符串型(String)。

函数格式如下：

IputBox(提示[,标题][,默认][,X 坐标位置][,Y 坐标位置])

其中各参数含义如下。

① "提示"：该项不能省略，是作为对话框提示信息出现的字符串表达式，最大长度为 1024 个字符。对话框内显示的提示信息可以自动换行，如果想按自己的要求换行，则需插入回车、换行符来分隔，即 Chr $ (13)＋Chr $ (10)。

② "标题"：是对话框的标题，显示在对话框顶部的标题区。

③ "默认"：是一个字符串，用来作为对话框中用户输入区域的默认值，一旦用户输入数据，则该数据立即取代默认值，若省略该参数，则默认值为空白。

④ "X 坐标位置"、"Y 坐标位置"：是确定对话框左上角在屏幕上的位置，屏幕左上角为坐标原点，单位为 twip。若省略，则对话框显示在屏幕中心线向下约 1/3 处。

例如,有如下代码,运行时屏幕的显示如图 1-3-8 所示。这里省略了默认项,所以对话框的文本框中为空白。如果用户输入了数据,就会存放到变量 a 中。

```
Private Sub Form_Click()
a = InputBox("请输入数据" + Chr$(13) + Chr$(10) + "然后按回车键","输入框",,100,100)
End Sub
```

图 1-3-8   省略了默认项时文本框默认为空白

2. MsgBox 函数和 MsgBox 过程

MsgBox 函数可以向用户传送信息,并可以通过用户在对话框上的选择接收用户所作的响应,返回一个整型值,以决定其后的操作。

MsgBox 函数格式如下:

变量[%]＝MsgBox(提示[,按钮][,标题])

其中各参数含义如下。

① "提示"和"标题":意义与 InputBox 函数中对应的参数相同。

② "按钮":指定信息框中按钮的数目和类型及出现在信息框上的图标类型。该项是一个数值表达式,是各种选择值的总和,默认值为 0。"按钮"参数的设置值及意义和 MsgBox 函数返回所选按钮整数值的意义,请参考教材中相对应的内容。

例如,有以下代码,运行时屏幕的显示如图 1-3-9 所示。这里"按钮"参数的值是 34,因为显示图标? 的值为 32,而显示"终止"、"重试"、"忽略"按钮的值为 2,它们的和为 34。变量 a 为 MsgBox 的返回值,在本例中"终止"、"重试"、"忽略"的值分别为 3、4、5。利用 MsgBox 函数的返回值,就可以进行不同的操作。

```
Private Sub Form_Click()
a = MsgBox("要继续吗?", 34, "提示信息")
End Sub
```

MsgBox 过程格式如下:

MsgBox 提示[,按钮][,标题]

其中,"提示"、"按钮"、"标题"的意义与 MsgBox 函数中对应的参数相同。由于 MsgBox 过程不需要返回值,因此常常被用于简单的信息显示。

例如,有以下代码,运行时屏幕的显示如图 1-3-10 所示。

```
Private Sub Form_Click()
```

MsgBox "请保存文件,系统即将关闭!"
End Sub

图 1-3-9　MsgBox 函数示例图

图 1-3-10　MsgBox 过程示例图

3. Print 方法

Print 方法是 VB 中用于输出数据、文本的一个重要方法,该方法既可以用于窗体,也可以用于其他对象。

Print 方法的格式如下:

[对象名.]Print[表达式]

其中,"对象名"可以是窗体(Form)、立即窗口(Debug)、图片框(PictureBox)或打印机(Printer),若省略对象名,则在当前窗体上输出。

例如,Print "Good Morning!",则把字符串"Good Morning!"显示在窗体上。

Picture1. Print "Good Morning!",则在图片框上显示字符串"Good Morning!"。

第4章 顺序结构程序设计

4.1 知识点精梳

顺序结构是各语句按出现的先后次序执行的结构。在 Visual Basic 中实现顺序结构的语句有赋值语句、Print 方法、注释语句以及数据类型声明语句、符号常量声明语句等。

(1) 赋值语句：一般用于对变量赋值或对控件设定属性值。

　　语句格式：变量名＝＜表达式＞

　　　　　　　控件对象.属性＝＜表达式＞

(2) Print 方法：用于数据的输出。

　　语句格式：[对象名.]Print [＜表达式表＞][{；|；}]

(3) 注释语句。

　　语句格式：Rem ＜注释内容＞　 或　 '＜注释内容＞

4.2 实验内容

【实验目的】

(1) 掌握表达式、赋值语句的正确书写规则。

(2) 掌握 Visual Basic 常用函数的使用。

(3) 掌握 Visual Basic 常用运算符的使用。

【实验准备】

(1) 预习教材上关于 VB 6.0 程序的书写规则、熟悉 VB 6.0 提供的数据类型。

（2）复习关于运算符和表达式的内容。

（3）阅读有关"顺序"结构的内容，了解顺序语句的语法规则。

【实验内容】

1. 实验范例

编写程序，求解鸡兔同笼问题。笼子中鸡和兔的总数为 h，鸡和兔的总脚数为 f。问笼中鸡和兔各多少只？

操作步骤如下。

（1）界面设计。根据题目要求，界面设计如图 1-4-1 所示。

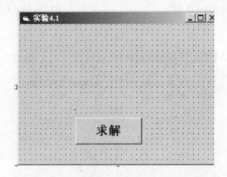

图 1-4-1　鸡兔同笼问题程序运行界面

（2）属性设置。窗体和控件的属性设置见表 1-4-1。

表 1-4-1　窗体和控件的属件设置

默认控件名	标题（Caption）	文本
Form1	实验 4.1	无定义
Command1	求解	无定义

（3）代码编写。

```
Private Sub Command1_Click()
h = InputBox("请输入鸡和兔的总数")
h = Val(h)
f = InputBox("请输入鸡和兔的总脚数")
f = Val(f)
y = (f - 2 * h) / 2
x = (4 * h - f) / 2
Print
Print "当鸡和兔的总数为"; h; ",总脚数为"; f; "时"
Print "笼中有鸡"; x; "只,兔"; y; "只"
End Sub
```

（4）调试运行。

① 调试：执行运行菜单中的"启动"命令，进入运行状态。分别输入 h、f 两个数据并观察输出结果，如出现错误或效果不理想，则需要单击"结束"按钮并反复调试，直至得到正确结果。

② 运行：调试后，按 F5 键运行程序。单击"求解"按钮，屏幕上出现数据输入对话框，如图 1-4-2 和图 1-4-3 所示，在输入对话框中分别输入数据，得到结果如图 1-4-4 所示。

图 1-4-2　输入鸡和兔的总数

图 1-4-3　输入鸡和兔的总脚数

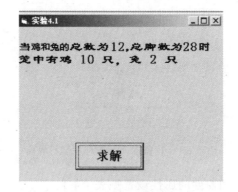

图 1-4-4　鸡兔同笼问题程序运行结果

2．程序设计题

（1）窗体上有两个文本框，名称分别为 Text1 和 Text2；有两个命令按钮，名称分别为 Command1 和 Command2，标题分别为"运算"和"结束"；有 3 个 Label 控件，Label1 和 Label2 为提示信息，Label3 为运算结果显示标签。要求程序运行后，单击"运算"按钮将 Text1 和 Text2 中的内容转换为数值型再相加，并在 Label3 中显示结果；若输入是非数值字符，则结果为 0。界面如图 1-4-5 所示。

（2）在 Form1 的窗体上画一个图片框，其名称为 p1，编写适当的事件过程。程序运行后，如果单击窗体，则从图片框的（300，600）位置处开始显示"上机练习"。运行界面如图 1-4-6 所示。

注意：程序中不得使用任何变量。

（3）设计一个应用程序，输入一个三位整数，反向输出这个数字。如输入 123，输出 321。

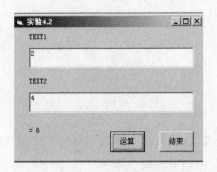

图 1-4-5 程序设计题(1)运行界面

图 1-4-6 程序设计题(2)运行界面

提示：取出一个三位整数的每一位数字，可采用如下方法。

取百位上的数字：a＝x\100

取十位上的数字：b＝(x mod 100)\10

取个位上的数字：c＝(x mod 10)\ 1

(4) 编写程序，要求用户用 InputBox 函数输入下列信息：姓名、年龄、通讯地址、邮政编码、电话号码，然后将输入的数据用 Print 方法在窗体上显示出来。如图 1-4-7 所示。

(5) 编写程序，在窗体上输出下面的图形。

```
        *
      * * *
    * * * * *
  * * * * * * *
```

实验4.4				
姓名	年龄	通讯地址	邮政编码	电话号码
李云轩	35	建国道138号	100025	(010)123456

图 1-4-7 程序设计题(4)运行结果

4.3 实验问答题

(1) VB 的赋值语句既可以给_____赋值，也可以给对象的_____赋值。

(2) VB 的注释语句采用_____；VB 的续行符采用_____；若要在一行书写多条语句，则各语句间应加分隔符，VB 的语句为_____。

(3) 在 VB 中用于产生输入对话框的函数是_____，其返回值类型为_____，若要利用该函数接收数值的数据，则可利用_____函数对其返回值进行转换而得到。

(4) 在 VB 中对于没有赋值的变量，系统默认值是什么？

4.4　常见错误分析

1．语句书写格式必须正确

一般情况下一行写一条语句,若要写两条或两条以上,语句之间用冒号":"隔开;单行语句可分若干行书写,在本行末加入续行符(空格加下划线_)即可。

2．注释语句

注释语句用来对程序或程序中某些语句作注释,阅读程序时便于理解。简便的方法是在语句末尾用"'"引导注释内容。

3．变量和常量

变量名必须以字母或汉字开头,由字母、汉字、数字或下划线组成,长度小于 255 个字符;不能使用 VB 中的关键字。变量利用 Dim 声明。系统默认数值型变量的初始值为 0,字符型变量的初始值为空串("")。

4．如何判断函数名、控件名、属性名、方法是否写错

如何判断函数名、控件名、属性名、方法是否写错,最方便的方法是当该语句写完后,按 Enter 键,系统会把被识别的上述名称自动转换成规定的首字母大写形式,否则为错误的名称。

第 5 章
选择结构程序设计

选择结构是根据条件选择执行不同的分支语句,以完成问题的要求。在 VB 程序设计中,使用 If 语句和 Select Case 语句来处理分支结构,其特点是:根据所给定的条件成立或不成立,来决定从各实际可能的不同分支中执行某一分支的相应操作(程序块),并且任何情况下总有"无论条件多寡,必择其一;虽然条件众多,仅选其一"的特性。

1. If…Then 语句(单分支结构)

格式 1(单行形式):If<条件表达式>　Then　<语句>
格式 2(块形式):　If<条件表达式>　Then
　　　　　　　　　　<语句块>
　　　　　　　End　If

2. If…Then…Else 语句(双分支结构)

格式 1(单行形式):If <条件表达式>Then　<语句块 1>　Else　<语句块 2>
格式 2(块形式):　If <条件表达式>　Then
　　　　　　　　　　<语句块 1>
　　　　　　　Else
　　　　　　　　　　<语句块 2>
　　　　　　　End If

3. IIF 函数

IIF 函数可用来执行简单的条件判断操作,它相当于 IF…Then…Else 结构。
格式:IIF(<条件表达式>,<表达式 1>,<表达式 2>)

4．If…Then…Else If 语句（多分支结构）

格式：　If ＜条件表达式 1＞ Then

　　　　　＜语句块 1＞

　　　Else If ＜条件表达式 2＞ Then

　　　　　＜语句块 2＞

　　……

　　　Else If ＜条件表达式 n＞ Then

　　　　　＜语句块 n＞

　　　［Else

　　　　　＜语句块 n＋1＞］

　　　Else If

5．Select Case 语句

格式：　Select Case ＜表达式＞

　　　Case ＜表达式列表 1＞

　　　　　＜语句块 1＞

　　　Case ＜表达式列表 2＞

　　　　　＜语句块 2＞

　　……

　　　［Case Else

　　　　　＜语句块 n＋1＞］

　　　End Select

6．Choose 函数

Choose 函数可使用简单的 Select Case…End Select 语句的功能。

格式：Choose(＜数值表达式＞,＜表达式 1＞,＜表达式 2＞,…＜表达式 n＞)

7．选择结构的嵌套

在 If 语句的 Then 分支和 Else 分支中可以完整地嵌套另一个 If 语句或 Select Case 语句,同样,Select Case 语句每一个 Case 分支中都可以嵌套另一个完整的 If 语句或 Select Case 语句。

注意：嵌套只能在一个分支内嵌套,不能出现交叉。其嵌套的形式将有很多种,嵌套层次也可以任意多。在多层 If 嵌套结构中,要特别注意 If 与 Else 的配对关系,Else 语句不能单独使用,它必须与 If 配对使用。

5.2 实验内容

【实验目的】

（1）掌握逻辑表达式的正确书写形式。

（2）掌握单分支与双分支条件语句的使用。

（3）掌握多分支条件语句的使用。

（4）掌握情况语句的使用及与多分支条件语句的区别。

【实验准备】

（1）掌握关系型和逻辑型的运算符和表达式的书写形式。

（2）阅读有关"选择"结构的内容，了解各种选择语句的语法规则。

【实验内容】

1. 实验范例

【例 1-5-1】 编写一个账号和密码输入的检验程序。要求如下。

（1）账号不超过 6 位数，密码为 4 位字符，本题的密码假设为 jhdx。

（2）账号中不能有非数字字符，可以通过 IsNumeric 函数对文本框中的数进行测试。

（3）密码输入时，屏幕上不能显示有关信息，而是在文本框中显示"＊"。如果输入的密码是错的，则出现如图 1-5-2 所示的提示对话框。此时若单击"重试"按钮，则清除原输入内容，焦点定位在原输入的文本框，再输入；若单击"取消"按钮，则结束程序。

（4）密码检验运行界面和输入密码错误显示信息分别如图 1-5-1 和图 1-5-2 所示。

图 1-5-1 密码检验程序运行界面

图 1-5-2 输入密码错误显示信息

操作步骤如下。

（1）界面设计。根据题目要求将各个控件放置在窗体的合适位置上。

（2）属性设计。窗体和控件的属性设置见表 1-5-1。

表 1-5-1　例 1-5-1 窗体和控件的属性设置

默认控件名	标题（Caption）	文本（Text）	边框（BorderStyle）	其他属性
Form1	密码	无定义	2	
Label1	账号	无定义	1	
Label2	密码	无定义	1	
Text1	无定义	空白	1	MaxLength＝6
Text2	无定义	空白	1	MaxLength＝4 PaswordChar＝"＊"
Command1	确定	无定义	无定义	
Command2	清除	无定义	无定义	
Command3	退出	无定义	无定义	

（3）代码编写。

```
Dim x
Private Sub Command1_Click()
Dim i As Integer
x = 0
If Text2.Text = "jhdx" Then
   MsgBox "输入正确", vbExclamation, "密码"
Else
   i = MsgBox("密码错", 5 + vbExclamation, "输入密码")
   If i <> 4 Then
     End
   Else
     Text2.Text = ""
     Text2.SetFocus
   End If
   MsgBox "时间已到"
   End If
End Sub


Private Sub Command2_Click()
End
End Sub


Private Sub Command3_Click()
Text1.Text = ""
Text2.Text = ""
```

```
Text1.setfocus
End Sub

Private Sub Text1_LostFocus()
If Not IsNumeric(Text1.Text) Then
    MsgBox "账号有非数字字符", vbExclamation, "输入账号"
    Text1.Text = ""
    Text1.SetFocus
 End If
End Sub
```

（4）调试运行。

① 调试：选择"运行"→"启动"命令，进入运行状态。分别输入账号和密码的值，单击"确定"按钮观察输出结果，如出现错误或者效果不理想，则单击"退出"按钮结束程序并反复调试，直至得到正确结果。

② 运行：调试后按 F5 键运行程序。当输入账号为非数值时，出现错误信息，如图 1-5-3 所示。当输入账号为数值并且输入密码也正确时，出现如图 1-5-4 所示的信息框。

图 1-5-3　输入账号为非数值时的错误信息　　　　图 1-5-4　账号和密码输入都正确时的信息

思考：程序中 Text1.Setfocus 语句的作用是什么？

如果要求用户最多输入 3 次密码，即当第 3 次输入仍不对时，则提示"非法用户"，并退出程序，应如何修改程序？

【例 1-5-2】　编写一个模拟袖珍计算器的完整程序，界面如图 1-5-5 所示。

操作步骤如下。

（1）界面设计。根据题目要求将各个控件放置在窗体的合适位置上。

图 1-5-5　模拟袖珍计算器程序运行界面

（2）属性设计。窗体和控件的属性设置见表 1-5-2。

表 1-5-2　例 1-5-2 窗体和控件的属性设置

默认控件名	标题（Coption）	文本（Text）	默认控件名	标题（Coption）	文本（Text）
Form1	计算器	无定义	Text2	无定义	空白
Label1	输入数 1	无定义	Text3	无定义	空白
Label2	输入数 2	无定义	Text4	无定义	空白
Label3	输入操作符	无定义	Command1	计算	无定义
Label4	计算结果	无定义	Command2	结束	无定义
Text1	无定义	空白			

（3）代码编写。

```
Private Sub Command1_Click()
Dim s1, s2 As Single
Dim er As Integer
s1 = Val(Text1.Text)
s2 = Val(Text2.Text)
Select Case Trim(Text3.Text)
  Case " + "
    Text4.Text = Str(s1 + s2)
  Case " - "
    Text4.Text = Str(s1 - s2)
  Case " * "
    Text4.Text = Str(s1 * s2)
  Case "/"
    If s2 Then
      Text4.Text = Str(s1 / s2)
    Else
      er = MsgBox("分母为零,出错", vbRetryCancel)
      If er = vbRetry Then
        Text2.Text = " "
        Text2.SetFocus
      Else
        End
      End If
    End If
  Case Else
      er = MsgBox("运算符出错,再输入", vbRetryCancel)
      If er = vbRetry Then
        Text3.Text = " "
        Text3.SetFocus
      Else
        End
      End If
    End Select
```

```
        End Sub

Private Sub Command2_Click()
End
        End Sub
```

（4）调试运行。

① 调试：选择"运行"→"启动"命令，进入运行状态。分别输入数据和运算符，单击"计算"按钮观察输出的结果，如出现错误或者效果不理想，则单击"结束"按钮结束程序并反复调试，直至得到正确的结果。

② 运行：调试后按 F5 键运行程序。即可得到正确结果。

2．程序设计题

（1）输入 x、y、z 三个数，按从大到小的次序显示。

（2）给定三角形的三条边 a、b、c 的值，根据几何学"三角形的两条边之和大于第三边"判断 a、b、c 能否构成三角形。若能，计算三角形面积；若不能，给出适当的信息，并要求重新输入数据。当输入 0 和 -1 时结束程序。

（3）设计"健康秤"程序，界面设计如图 1-5-6 所示，具体要求如下。

① 将两个文本框的文字对齐方式均设置为右对齐，最多接收 3 个字符。

② 两个文本框均不接收非数值。

③ 单击"健康状况"按钮后，根据计算公式将相应提示信息通过标签显示在按钮后面。

④ 计算公式为：标准体重＝身高－105。

体重高于标准体重的 1.1 倍为偏胖，提示"偏胖，加强锻炼，注意节食"；

体重低于标准体重的 90％ 为偏瘦，提示"偏瘦，增加营养"；

其他为正常，提示"正常，继续保持"。

（4）计算通话费。其收费标准如下：通话时间在 3 分钟以下，收费 0.50 元，3 分钟以上，每超过 1 分钟加收 0.15 元；在 7:00～19:00 之间通话，按上述收费标准全价收费；在其他时间通话，一律按收费标准的半价收费。试计算某人在 T 时间通话 S 分钟，应缴多少电话费。运行界面如图 1-5-7 所示。

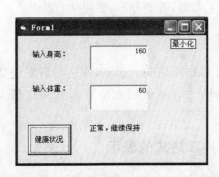

图 1-5-6 "健康秤"程序运行界面

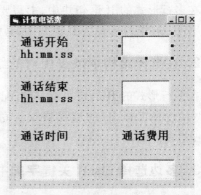

图 1-5-7 程序设计题（4）运行界面

提示：用 DateDiff 函数来求出 2 个时间间隔的数目。

格式为 DateDiff("s"，CDate(Text1.Text)，CDate(Text2.Text))/60

(5) 输入年、月，输出该月份的天数(需要考虑闰年)。

(闰年的条件是年号能被 4 整除，但不能被 100 整除，或者能被 400 整除。)

注：程序设计题(1)、(2)、(3)由学生自行完成。

5.3　实验问答题

(1) 例 1-5-1 中为什么要在 Text1 的 LostFocus 事件中填写代码？

(2) 例 1-5-1 中 MsgBox 函数可否用 MsgBox 过程替代？

(3) 指出下列程序的运行结果。

```
①    x = Int(Rnd + 4)
      Select Case x
         Case 5
              Print "优秀"
         Case 4
              Print "良好"
         Case 3
              Print "合格"
         Case Else
              Print "不合格"
      End Select
```

```
②    a = 1:b = 2:c = 3
      a = a + b:b = b + c:c = b + a
      If a <> 3 Or b <> 3 Then
              A = b - a:b = c - a:c = b + a
      End If
      Print a + b + c
```

(4) 举例说明本章实验中，哪些是单分支选择结构？哪些是多分支选择结构？

5.4　常见错误分析

1. If 语句书写问题

在多行形式的 If 语句块中，书写要求严格，即关键字 Then、Else 后面的语句块必须换行书写；在单行形式的 If 语句中，必须在一行上书写，若要分行，要用续行符。

2. 在选择结构中缺少配对的结束语句

在多行形式的 If 语句块中，应有配对的 End If 结束语句。否则，在运行时系统会显示"块 If 没有 End If"的编译错误。同样，对 Select Case 语句也应有与其对应的 End Select 语句。

3. 多边选择 ElseIf 关键字的书写和条件表达式的表示

多边选择 ElseIf 子句的关键字 ElseIf 之间不能有空格，即不能写成 Else If。

4. Select Case 语句的使用

（1）Case 语句中的"表达式列表 i"中不能使用"变量或表达式"中出现的变量。如：

```
Select Case m
Case m > = 90
            Print "优"
Case m > = 80
            Print "良"
Case m > = 70
            Print "中"
Case m > = 60
            Print "及格"
Case Else
            Print "不及格"
End Select
```

在程序运行时不管 m 的值是多少,始终执行 Case Else 子句,打印"不及格"。

（2）在"变量或表达式"中不能出现多个变量。如：

```
Select Case m1,m2,m3
    Case (m1 + m2 + m3) / 3 > = 95
    Print "一等奖"
    ……
End Select
```

这样就会在"Select Case m1,m2,m3"语句行出现编译错误；同时 Case(m1＋m2＋m3)/3＞＝95 书写也错误。

第 6 章

循环结构程序设计(一)

6.1 知识点精梳

循环结构是一种重复执行的程序结构。它判断给定的条件,如果条件成立,则重复执行某一些语句(称为循环体);否则结束循环。

1. For…Next 循环语句

格式: For <循环变量>=<初值> to <终值> [Step <步长>]

           <语句块>

           [Exit For]

           <语句块>

        Next <循环变量>

2. Do…Loop 循环语句

格式 1(当型循环): Do {While|Until }<条件>

                  <语句块>

                  [Exit Do]

                  <语句块>

              Loop

格式 2(直到型循环): Do

                  <语句块>

                  [Exit Do]

                  <语句块>

              Loop {While|Until }<条件>

3. While…Wend 语句

格式： While ＜条件＞

＜循环块＞

Wend

4. 几种循环语句比较

几种循环语句的比较见表 1-6-1。

表 1-6-1 几种循环语句的比较

	For…To… … Next	Do While/Until… … Loop	Do… … Loop While/until
循环类别	当型循环	当型循环	直到型循环
循环变量初值	在 For 语句行中	在 Do 之前	在 Do 之前
循环控制条件	循环变量大于或小于终值	条件成立/不成立执行循环	条件成立/不成立执行循环
提前结束循环	Exit for	Exit Do	Exit Do
改变循环条件	For 语句中无需专门语句,由 Next 自动改变	必须使用专门语句	必须使用专门语句
使用场合	循环次数容易确定	循环/结束控制条件易给出	循环/结束控制条件易给出

6.2 实验内容

【实验目的】

(1) 掌握 For 语句的使用。

(2) 掌握 Do 语句的各种形式的使用。

(3) 掌握如何控制循环条件,防止死循环或假循环。

【实验准备】

(1) 预习教材中有关循环结构的内容。重点掌握 For 语句的语法规则及使用方法。

(2) 阅读 Do…Loop 循环结构的相关内容。

【实验内容】

1. 实验范例

编写一个程序,显示出所有的水仙花数。所谓水仙花数,是指一个三位数其各位数字立方和等于该数字本身。例如,$153 = 1^3 + 5^3 + 3^3$。

操作步骤如下。

(1) 界面设计。根据题目要求在窗体的合适位置上添加一个标签控件,如图 1-6-1所示。

图 1-6-1　水仙花数程序界面设计

(2) 属性设置。窗体和控件的属性设置见表 1-6-2。

表 1-6-2　窗体和控件的属性设置

默认控件名	标题(Caption)	文本(Text)	其他属性
Form1	水仙花	无定义	AutoRedraw＝True
Label1	请单击窗体,显示水仙花数	无定义	

(3) 代码编写。

```
Private Sub Form_Click()
Dim x, y, z As Integer
For i = 100 To 999
    x = i \ 100
    y = (i mod 100) \ 10
    z = (i mod 10) \ 1
    if i = x ^ 3 + y ^ 3 + z ^ 3 Then Print i
Next i
Label1.Visible = False
End Sub
```

(4) 调试运行。

① 调试:选择"运行"→"启动"命令,进入运行状态。观察输出结果,如出现错误,则

需要单击"结束"按钮并反复调试程序,直至得到正确结果。

　② 运行:调试后,按 F5 键运行程序。运行结果如图 1-6-2 所示。

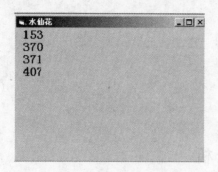

图 1-6-2　水仙花数程序运行结果

2. 程序设计

　(1) 任意输入若干个字母到文本框 1 中,通过单击命令按钮将其中的大写字母转换成小写字母,小写字母则转换成大写字母后放置到文本框 2 中。

　(2) 求出 1 到 100 中的所有奇数之和。

　(3) 编写一个程序输出 100 到 200 之间的素数。(分别用 For…Next 和 Do…Loop 语句编程。)

　(4) 规范整理英语文章,即对输入的任意大小写英语文章进行整理,规则是:所有句子开头应为大写字母(句子是以符号"?"、"。"、"!"作为结束符的),其他都是小写字母。提示:应设置一个变量,存放当前处理字符的前一个字符,来判断前一个字符是否为句子的结束符。

　(5) 编写一个程序求出所有小于 5000 的十位数字比个位数字大的素数。

　注:程序设计题由学生自行完成。

6.3　实验问答题

　(1) 请说出实验范例中程序总的循环次数。

　(2) 计算下列循环语句的次数。

　① For i= −3 To 20 Step 4

　② For i= −3.5 To 5.5 Step 0.5

　③ For i= −3.5 To 5.5 Step −0.5

　④ For i= −3 To 20 Step 0

　(3) 请写出程序段:将输入的字符串,以反序显示,如输入 ABCDEFG,显示 GFEDCBA。

　(4) 指出程序运行结果。

```
x = 0
For  i = 0  To  1
    x = x + 1
    For  j = 0  To  3
        If  Not(j  Mod  2)  Then  x = x + 1
    Next j
Next  i
Print  "x = ";x
```

6.4 常见错误分析

1. 不循环或死循环的问题

主要是循环条件、初值、终值、步长的设置有问题。

例如，以下循环语句为不循环：

```
For i = 10 to 20 Step - 1      '步长为负,初值必须大于终值,才能循环
For i = 20 to 10               '步长为正,初值必须大于终值,才能循环
Do While False                 '循环条件永远不满足,不循环
```

以下循环语句为死循环：

```
For i = 10 to 20 Step 0        '步长为零,死循环
Do While 1                     '循环条件永远满足,死循环
```

2. 循环结构中缺少配对的结束语句

For …Next 语句没有配对的 Next 语句；Do 语句没有一个终结的 Loop 语句等。

3. 循环嵌套时，内外循环交叉

```
  For i = 1 to 4
For j = 1 to 5
  ⋮
Next  i
  Next j
```

上述循环语句在运行时，系统会出现"无效的 Next 控制变量引用"的提示。

4. 循环结构与 If 块结构交叉

```
  For i = 1 to 4
If 表达式 Then
```

```
            ⋮
     Next i
       End If
```

5. 累加、连乘时，存放累加、连乘结果的变量赋初值应在循环语句前

在一重循环中，存放累加、连乘结果的变量初值设置应在循环语句前；而在多重循环中，存放累加、连乘结果的变量初值设置放在外循环语句前，还是内循环语句前，这要视具体问题分别对待。

6. 大数相乘产生"溢出"问题

改进方法一：将数值类型声明为双精度类型；方法二：大数先除以大数再相乘。

7. 如何终止程序死循环

编写程序由于考虑不周而产生死循环时，只要按 Ctrl＋Break 组合键就可以终止死循环，然后找出死循环的原因，修改程序。

8. 声明局部变量和窗体级变量的问题

在 VB 程序中，除了大量使用控件对象外，还要使用一些变量，暂时存放一些中间结果。这些变量的声明可以放在过程外的"通用声明"段，也可以放在过程中。两者的区别是：窗体级变量在本窗体的所有过程中均可使用；而局部变量只能在变量所在的过程中使用，即随着本过程的执行而分配存储空间，当执行到 EndSub 语句时，分配的内存空间被回收，变量的值也丢失。

第7章 循环结构程序设计(二)

7.1 知识点精梳

1．循环的嵌套——多重循环结构

如果在一个循环内完整地包含另一个循环结构，则称之为多重循环或循环嵌套。嵌套的层数可以根据需要而定，嵌套一层称为二重循环，嵌套二层称为三重循环。

2．循环结构与选择结构的嵌套

在循环结构中可以完整地嵌套选择结构，即整个选择结构都属于循环体。在选择结构中嵌套循环结构时，要求整个循环结构必须完整地嵌套在一个分支内，一个循环结构不允许出现在两个或两个以上的分支内。

3．其他控制语句

（1）Goto 语句；

（2）Exit 语句；

（3）End 语句；

（4）暂停语句。

4．With…End With 语句

格式： With 对象名

　　　　＜与对象操作的语句块＞

　　　　End With

7.2 实验内容

【实验目的】

(1) 进一步掌握 For 语句的使用。

(2) 进一步掌握 Do 语句的各种形式的使用。

(3) 掌握循环结构的嵌套使用。

【实验准备】

(1) 复习循环结构程序设计的内容。

(2) 总结前次实验的重点和难点,并做好本次实验的预习。

【实验内容】

1. 实验范例

【例 1-7-1】 编写一个程序计算:1!+2!+3!+…+10!

操作步骤如下。

(1) 界面设计。根据题目要求可以直接在窗体上输出,不需要设置其他控件。

(2) 属性设置。只将 Form1 的 Caption 属性设置成"1!+2!+3!+…+10!"即可。

(3) 代码编写。

```
Private Sub Form_Click()
    s = 0
    For i = 1 To 10
        s1 = 1
        For j = 1 To i
            s1 = s1 * j
        Next j
        s = s + s1
    Next i
    Print "1! + 2! + ... + 10! = "; s
End Sub
```

(4) 调试运行。

① 调试:选择"运行"→"启动"命令,进入运行状态。观察输出结果,如出现错误,则

需要单击"结束"按钮并反复调试程序,直至得到正确结果。

② 运行:调试后,按 F5 键运行程序。运行结果如图 1-7-1 所示。

【例 1-7-2】 在窗体上显示所有 100 以内 6 的倍数,并求这些数的和。

操作步骤如下。

(1) 界面设计。根据题目要求可以直接在窗体上输出 100 以内 6 的倍数,不需要设置其他控件。

(2) 属性设置。只将 Form1 的 Caption 属性设置为"100 以内 6 的倍数"即可。

图 1-7-1 例 1-7-1 程序
运行结果

(3) 代码编写。

```
Private Sub Form_Click()
Dim i, n, sum As Integer
  a = 0
  sum = 0
  For i = 1 To 100
    If (i Mod 6 = 0) Then
    Print i,
    a = a + 1
    If a Mod 4 = 0 Then Print
        sum = sum + i
    End If
    Next i
    Print
    Print "这些数的和是: "; sum
End Sub
```

(4) 调试运行。

① 调试:选择"运行"→"启动"命令,进入运行状态。观察输出结果,如出现错误,则需要单击"结束"按钮并反复调试程序,直至得到正确结果。

② 运行:调试后,按 F5 键运行程序。运行结果如图 1-7-2 所示。

🐾 100以内6的倍数			_□×
6	12	18	24
30	36	42	48
54	60	66	72
78	84	90	96
这些数的和是: 816			

图 1-7-2 例 1-7-2 程序运行结果

2. 程序设计题

(1) 输出三位数中最大的能被 17 整除的数。

(2) 输出 100 以内能被 3 整除且个位数为 6 的所有整数。

(3) 编写一个程序在窗体上输出如图 1-7-3 所示的图形。

(4) 用 Print 方法输出图形,程序运行结果如图 1-7-4 所示。

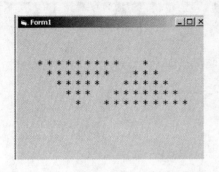

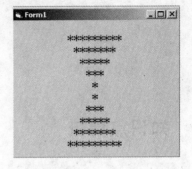

图 1-7-3　程序设计题(3)输出结果　　　　图 1-7-4　程序设计题(4)运行结果

(5) 将一个正整数分解为质因数乘积。例如,234＝2 * 3 * 3 * 13。

(6) 编写一个猜数游戏(界面自定)。要求提供 10 次猜数机会,10 次内没猜对,有相应的"高了"、"低了"的提示,超过 10 次,提示"对不起,你 10 次都没猜对";若猜对了则提示"恭喜你猜对了!"并退出循环。均通过单击"退出"按钮来退出游戏。

注:程序设计题由学生自行完成。

第8章

常用控件

8.1 知识点精梳

为了更方便开发人员开展编程工作,VB 提供了很多现成的对象库和控件,提高了程序员的开发效率。VB 的控件可以分为 3 类:标准控件、ActiveX 控件和可插入对象。

(1) **标准控件**:是指 VB 程序启动时自动加载到 VB 工具箱中的一些控件(如图 1-8-1 所示)及窗体。如窗体、文本框、命令按钮、单选框等,这些控件使用频率很高,几乎每个程序都要使用这些控件。

(2) **ActiveX 控件**:ActiveX 控件在 VB 默认的工具箱里是找不到的,它是 VB 工具箱的扩充部分,在使用 ActiveX 控件时需要用户自己添加到工具箱里。加载后就像标准控件一样使用。

(3) **可插入对象**:是指 Windows 应用程序的对象,也可以添加到工具箱中,它具有与标准控件相似的属性,也可以同标准控件一样使用。

图 1-8-1 VB 自动加载的工具箱中的控件

1. 常用控件的常用属性、事件和方法

常用控件的常用属性、事件和方法见表 1-8-1 所示。

2. 用户自定义对话框

对话框是用户与应用程序进行交流的界面,可以视为一类特殊的窗体。在 VB 中用户除了可以使用系统预定义的对话框 InputBox 和 MsgBox 外,还可以通过创建包含控件的窗体来设计对话框。

表 1-8-1 常用控件的常用属性、事件和方法

控件名称	常 用 属 性	常 用 事 件	方 法
命令按钮	Caption、Default、Style、Cancel、Index、TabIndex、TabStop、Value	Click	Move
标签框	Caption、Alignment、BackStyle、AutoSize	Click、Dblclick	Rfresh
文本框	Text、Alignment、SelText、SelStart、SelLength、MaxLength、MultiLine、ScrcllBars、PasswordChar、BackColor、ForeColor	Change、Click、KeyPress、GotFocus、LostFocus	SetFocus Rfresh
单选框	Caption、Value、Alignment	Click	
复选框	Caption、Value、Alignment	Click	
框架	Caption	Click	
列表框	Text、List、ListCount、ListIndex、Sorted、Selected、NewIndex、MultiSelect	ClickDblclick	AddItem、RemoveItem Clear
组合框	Text、Style、List、ListCount、ListIndex、NewIndex、Sorted	ClickDblclick Change	AddItem、RemoveItem Clear
滚动条	Max、Min、Value、LareChange、SmallChange	ChangeScroll	

（1）**对话框的属性设置**。对话框窗体与一般窗体在外观上是有区别的,需要通过设置以下属性值来自定义窗体外观。

① **BorderStyle 属性**：BorderStyle 属性决定了窗体的主要特征,这些特征从外观上就能确定窗体是通用窗口或对话框,其属性设置见表 1-8-2。

表 1-8-2 Form 对象的 BorderStyle 属性设置

设 置 值	描 述
0	无(没有边框或与边框相关的元素)
1	固定单边框。可以包含控制菜单框、标题栏、"最大化"和"最小化"按钮,只有通过单击"最大化"和"最小化"按钮才能改变大小
2	(默认值)可调整的边框
3	固定对话框。可以包含控制菜单框和标题栏,不包含"最大化"和"最小化"按钮,不能改变尺寸
4	固定工具窗口。不能改变尺寸,显示"关闭"按钮并用缩小的字体显示标题栏,窗体不在任务栏中显示
5	可改变工具窗口。可变大小,显示"关闭"按钮并用缩小的字体显示标题栏,窗体不在任务栏中显示

② **ControlBox 属性**：该属性值为 True 时,窗体显示控制菜单框,为 False 时不显示。

③ **MaxButton 属性**、**MinButton 属性**：该属性值为 True 时标识一个窗体具有"最大化"按钮和"最小化"按钮,为 False 时不具有。

注意：为了显示控制菜单框、"最大化"按钮或"最小化"按钮,还必须将窗体的

BorderStyle 属性值设置为 1(固定单边框)、2(可变尺寸)或 3(固定对话框)。

（2）**显示自定义对话框**。可以使用 Show 方法显示自定义对话框，该对话框分为以下两种类型。

① **模式对话框**：模式对话框在焦点可以切换到其他窗体或对话框之前要求用户必须采取动作，如单击"确定"按钮或"取消"按钮，其显示方法为＜窗体名＞.Show 1。

② **无模式对话框**：无模式对话框在焦点可以切换到其他窗体或对话框之前不要求用户采取动作，其显示方法为＜窗体名＞.Show 0。

（3）**关闭自定义对话框**。可使用 UnLoad 语句或 Hide 方法关闭自定义对话框。

8.2　实验内容

【实验目的】

（1）掌握单选按钮、复选框、框架控件的重要属性、事件和方法。

（2）熟悉设计用户自定义对话框的一般方法。

（3）能利用单选按钮、复选框、框架控件进行程序设计。

（4）掌握 ListBox、ComboBox、滚动条、定时器控件的重要属性、事件和方法。

（5）熟悉 ListBox 和 ComboBox 的异同点。

（6）能利用 ListBox、ComboBox、滚动条、定时器控件进行程序设计。

【实验准备】

（1）预习掌握教材有关"常用控件"的内容。

（2）预习单选按钮、复选框、框架控件的名称、属性、事件。

（3）预习列表框、组合框、滚动条、定时器的常用属性、事件和方法。

【实验内容】

1．实验范例

【例 1-8-1】　在窗体中建立如图 1-8-2 所示的界面，编写适当的代码，使得在运行时，单击"确定"按钮后，在文本框中显示"我是男生"或"我是女生"及"我的爱好是体育音乐"。

操作步骤如下。

（1）界面设计。根据题目要求设置界面。

（2）属性设置。窗体和控件的属性设置见表 1-8-3。

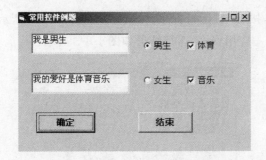

图 1-8-2 例 1-8-1 程序运行界面

表 1-8-3 例 1-8-1 窗体和控件的属性设置

默认控件名	标题(Caption)	文本(Text)
Form1	常用控件例题	无定义
Text1	无定义	空白
Text2	无定义	空白
Command1	确定	无定义
Command2	结束	无定义
Option1	男生	无定义
Option2	女生	无定义
Check1	体育	无定义
Check2	音乐	无定义

（3）代码编写。

```
Private Sub Command1_Click()
If Option1.Value Then
  Text1.Text = "我是" & Option1.Caption
  Else
    Text1.Text = "我是" & Option2.Caption
End If
      Text2.Text = "我的爱好是"
If Check1.Value = 1 Then
    Text2.Text = Text2.Text & Check1.Caption
    End If
If Check2.Value = 1 Then
    Text2.Text = Text2.Text & Check2.Caption
End If
End Sub
Private Sub Command2_Click()
End
End Sub
```

（4）调试运行。

① 调试：选择"运行"→"启动"命令，进入运行状态。观察输出结果，如出现错误，则需要单击"结束"按钮并反复调试程序，直至得到正确结果。

② 运行：调试后,按 F5 键运行程序。运行界面如图 1-8-2 所示。

【例 1-8-2】 设计一应用程序,运行结果如图 1-8-3 所示。

图 1-8-3　例 1-8-2 程序运行结果

操作步骤如下。

（1）界面设计。根据题目要求设置界面。

（2）属性设置。窗体和控件的属性设置见表 1-8-4。

表 1-8-4　例 1-8-2 窗体和控件的属性设置

默认控件名	标题(Caption)	文本(Text)	其他属性
Form1	Form1	无定义	
Label1	字体大小(10~80)	无定义	
Text1	无定义	空白	Multiline＝True ScrollBars＝3
Frame1	字体外观	无定义	
Frame2	字体名称	无定义	
Frame3	字体颜色	无定义	
Hscroll1	无定义	无定义	Max＝80 Min＝10
Check1	粗体	无定义	
Check2	斜体	无定义	
Option1	宋体	无定义	
Option2	黑体	无定义	
Option3	红色	无定义	
Option4	绿色	无定义	
Command1	清除	无定义	
Command2	退出	无定义	

（3）代码编写。

```
Private Sub Check1_Click()
Text1.FontBold = True
Text1.FontItalic = False
End Sub
```

```
Private Sub Check2_Click()
Text1.FontItalic = True
Text1.FontBold = False
End Sub


Private Sub Command1_Click()
Text1.Text = ""
End Sub


Private Sub Command2_Click()
End
End Sub


Private Sub Form_Load()
aa = Chr(13) + Chr(10)
bb = "何处秋风至?" & aa
bb = bb & "萧萧送雁群." & aa
bb = bb & "朝来入庭树," & aa
bb = bb & "孤客最先闻."
Text1.Text = bb
End Sub


Private Sub HScroll1_Change()
Text1.FontSize = HScroll1.Value
End Sub


Private Sub Option1_Click()
Text1.FontName = "宋体"
End Sub


Private Sub Option2_Click()
Text1.FontName = "黑体"
End Sub


Private Sub Option3_Click()
Text1.ForeColor = vbRed
End Sub


Private Sub Option4_Click()
Text1.ForeColor = vbGreen
End Sub
```

（4）调试运行。

① 调试：选择“运行”→“启动”命令，进入运行状态。观察输出结果，如出现错误，则需要单击“退出”按钮结束程序并反复调试程序，直至得到正确结果。

② 运行：调试后，按 F5 键运行程序。运行结果如图 1-8-3 所示。

2．程序设计题

（1）设计一个应用程序，运行界面如图 1-8-4 所示。

（2）使用单选按钮，编写适当的事件过程，使得单击命令按钮即可相应显示"我是×××的学生"。运行界面如图 1-8-5 所示。

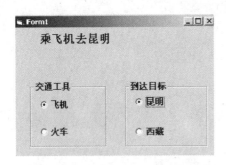

图 1-8-4　程序设计(1)运行界面

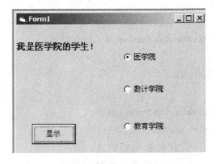

图 1-8-5　程序设计题(2)运行界面

（3）设计一个运行界面如图 1-8-6 所示的应用程序。它包含 2 个列表框，右边列表框中按字母顺序升序排列。当双击某个项目时，该项目从所在的列表框中删除，添加到另一个列表框中。

（4）在名称为 Form1 的窗体上添加 1 个命令按钮和 1 个水平滚动条，其名称分别为 Command1 和 Hscroll1，编写适当的事件过程。程序运行后，如果单击 Command1 按钮，则按如下要求设置水平滚动条的属性：

$$Max＝窗体宽度$$
$$Min＝0$$
$$LargeChang＝50$$
$$SmallChang＝10$$

而如果移动水平滚动条的滚动框，则在窗体上显示滚动框的位置值。

（5）在窗体上设计一个如图 1-8-7 所示的界面，并编写适当的事件过程。程序运行后，标签中的数字每隔 2 秒钟加 1。

图 1-8-6　程序设计题(3)运行界面

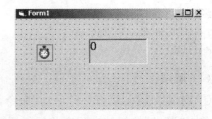

图 1-8-7　程序设计题(5)运行界面

（6）在窗体上添加有关控件，使得运行后的界面如图 1-8-8 所示，并编写适当的事件过程。程序运行后，使得标签中的文字随选择的字号和字体而改变。

（7）设计一个应用程序。当单击"改变标签标题颜色"按钮后，弹出"颜色"对话框，为标签标题选择一个颜色；当单击"编辑文本文件"按钮后，弹出"打开文件"对话框，选定一个文本文件单击"确定"按钮就会调用记事本编辑该文件。设计界面如图 1-8-9 所示，运行界面如图 1-8-10 所示。

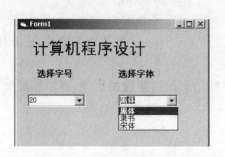

图 1-8-8　程序设计题（6）运行界面

图 1-8-9　程序设计题（7）设计界面

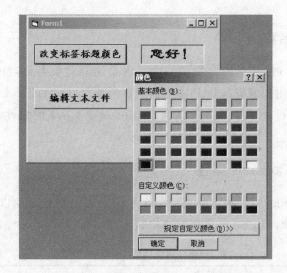

图 1-8-10　程序设计题（7）运行界面

8.3　实验问答题

（1）为了清除列表框中指定的项目，应该使用什么方法？

（2）假定 Picture1 和 Text1 分别为图片框和文本框的名称，则下列不正确的语句是（　　）。

A. Print 25 　　　　　　　　　　B. Picture1. Print 25

C. Text1. Print 25 　　　　　　　　D. Debug. Print 25

（3）可以让图象框自动改变大小以适应图形尺寸的属性是（　　）。

A. AutoSize 　　　　　　　　　　B. Stretch

C. AutoRedraw 　　　　　　　　　D. Appearance

（4）当拖动滚动条中的滚动块时,将触发的滚动条事件是（　　）。

A. Move 　　　　　　　　　　　　B. Change

C. Scroll 　　　　　　　　　　　　D. SetFocus

（5）例 1-8-1 在文本框中显示一首诗,除了在 Form1_Load 事件中编程外,还有什么方法?

（6）例 1-8-1 中将控件添加到窗体上时,如果先添加框架内的控件,再添加框架,会产生什么结果?

8.4　常见错误分析

1. 遗漏对象名称

在 VB 程序设计时,初学者常犯的一个错误是遗漏对象名称,特别是在使用列表框时。例如,如果要引用列表框(List1)中当前选定的项目,List1. list(Listindex)是错误的。即使当前焦点在 List1 上,VB 也不会认为 Listindex 是 List1 的属性,而是一个变量。所以正确的引用方式是：List1. list(List1. Listindex)。

2. 列表框的 Columns 属性

列表框的 Columns 属性决定列表框是水平滚动还是垂直滚动以及如何显示列中的项目。如果水平滚动,则 Columns 属性决定显示列中多少列,见表 1-8-5。

表 1-8-5　列表框的 Columns 属性

列　　数	属　　性
0（默认值）	项目安排在一列中,且列表框垂直滚动
1～n	项目安排在多个列中,先填第一列,再填第二列……列表框水平滚动并显示指定数目的列

在程序运行期间,该属性是只读的,也就是说,在程序运行时不能将多列列表框变为单列列表框或将单列列表框变为多列列表框。

3. Animation 控件播放动画

Animation 控件用于播放动画的方法是 Play。要重复播放指定次数的动画,正确的语句格式应为：对象.Play n,常见的错误是使用 For 语句循环。下面的程序代码不能重复播放 n 次,用户感觉到似乎只播放 1 次。

```
For i = 1 to n
   Animation .Play 1
Next i
```

4. MouseDown、MouseUP 和 Click 事件发生的次序

当用户在窗体或控件上单击时 MouseDown 事件被触发,MouseDown 事件肯定发生在 MouseUp 和 Click 事件之前。但是,MouseUp 和 Click 事件发生的次序与单击的对象有关。

（1）当用户在标签、文本或窗体上做单击时,其顺序如下。

① MouseDown；

② MouseUp；

③ Click。

（2）当用户在命令按钮上做单击时,其顺序如下。

① MouseDown；

② Click；

③ MouseUp。

（3）当用户在标签或文本框上做双击时,其顺序如下。

① MouseDown；

② MouseUp；

③ Click；

④ DblClick；

⑤ MouseUp。

第9章

数组(一)

9.1 知识点精梳

数组是程序设计语言中一个十分常见的概念。数组是一组相同类型的变量的集合，VB编程中，数组必须先声明后使用。使用中，注意数组元素的每个下标的取值必须在声明时确定的下、上界范围之内，不可越界。数组的下标只能是整数，实数时按四舍五入取整。VB中有两类数组：定长数组、动态(可变长)数组。

1. 数组的概念

(1) 数组：一组具有相同数据类型，名称相同、下标不相同的下标变量的有序集合。如 a(1)、a(2)、a(3)、a(4)、…、a(10)，这10个下标变量组成的数组 a。

(2) 数组元素：数组中的每一个下标变量，如 a(5)。

(3) 数组维数：数组中每个数组元素下标的个数。只有1个下标的下标变量组成的数组为一维数组，如 a(5)是一维数组 a 中的一个数组元素；具有两个下标的数组为二维数组，如 b(i,j)是二维数组 b 的一个数组元素；具有3个或3个以上下标的数组为多维数组，如 c(3,1,2)是一个三维数组的元素。

2. 定长数组的声明

声明语句格式：

Dim 数组名([下界 To]上界[,[下界 To]上界[,…]])[As 类型]

此语句声明了数组名、数组维数、数组大小、数组类型。

注意：定长数组的上界、下界必须为常数，不能为表达式或变量；省略下界，默认值为0,也可用 Option Basic 语句重新设置下界的值。

3. 动态数组的声明和重新定义

声明语句格式：

Dim 数组名（ ）[As 类型]

此语句仅声明了数组名,没有确定数组的大小和维数。

重新定义语句格式:

ReDim [Preserve] 数组名（[下界 To]上界[,[下界 To]上界[,…]]）

注意:ReDim 语句是一个执行语句,只能出现在过程中。动态数组的上界、下界可以是已经赋值的变量或表达式。若有 Preserve 关键字,表示当改变原有数组大小时,使用此关键字可以保持数组中原来的数据。

4. 数组的应用

一维数组的应用:选择排序、冒泡排序、顺序查找、折半查找。

二维数组的应用:矩阵的运算、二维表格形式的数据统计。

5. 数组的有关函数

Lbound 和 Ubound 函数:前者确定数组下界,后者确定数组上界。这两个函数非常有用,可以增强程序的通用性。

Split 函数:将字符串用分隔符分离后将各项数据分离到数组中。

Join 函数:将数组中各元素用分隔符连接成一个字符串。

6. 控件数组

控件数组是一组共同名称和类型的控件,它们共享同一个事件过程。例如,有一个名称为 cmd 的控件组,由 3 个命令按钮组成,则它们的 Click 事件过程定义为:

```
Private Sub cmd_Click(Index As Integer)
…
End Sub
```

9.2　实验内容

【实验目的】

(1) 掌握数组的声明和数组元素的引用。

(2) 掌握静态数组和动态数组的使用差别。

(3) 掌握应用数组,解决与数组有关的常用算法,如选择排序和冒泡排序。

【实验准备】

预习教材中关于数组章节的内容。

【实验内容】

1. 实验范例

输入 n 个学生的学号及其成绩,求平均成绩并找出高于平均成绩学生的学号、成绩。操作步骤如下。

(1) 界面设计。根据题目要求,界面设计如图 1-9-1 所示。按照图示将控件添加到窗体的合适位置上。

(2) 属性设置。本题中窗体和控件的属性设置见表 1-9-1。

表 1-9-1　窗体和控件的属性设置

默认控件名	标题(Caption)	其他属性
Form1	学生成绩计算	AutoRedraw＝True
Command1	输入成绩	
Command2	计算并输出	Enabled＝False
Command3	退出	

(3) 代码编写。

```
Dim num(), score() As String
Dim aver, sum As Single
Dim n As Integer
Dim nx, sx, n1 As String
Private Sub Command1_Click()
n1 = InputBox$("请输入学生人数", "数据输入框", Default)
n = Val(n1)
ReDim num(n), score(n)
For i = 1 To n
nx = "请输入第" + Str$(i) + "个学生的学号"
sx = "请输入第" + Str$(i) + "个学生的成绩"
num(i) = InputBox$(nx, "数据输入框", Default)
score(i) = InputBox$(sx, "数据输入框", Default)
Next i
Command2.Enabled = True
End Sub
Private Sub Command2_Click()
For i = 1 To n
sum = sum + Val(score(i))
Next i
aver = sum / n
Print
Print "平均成绩: "; aver
Print
```

```
Print "高于平均成绩学生的学号与成绩"
Print "学号", "成绩"
For i = 1 To n
If score(i) > aver Then Print num(i), score(i)
Next i
End Sub
Private Sub Command3_Click()
End
End Sub
```

（4）调试运行。

① 调试：选择"运行"→"启动"命令，进入运行状态。观察输出结果，如出现错误，则需要单击"退出"按钮结束程序并反复调试程序，直至得到正确结果。

② 运行：调试后，按 F5 键运行程序。运行结果如图 1-9-2 所示。

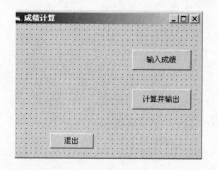

图 1-9-1　程序运行界面

图 1-9-2　程序运行结果

2. 程序设计

（1）用任意方式给 a[6]赋 40 至 100 间的值，求出数组元素的平均值，统计低于平均值的元素个数。运行界面如图 1-9-3 所示。

（2）输出一个具有 10 行的"杨辉三角形"。运行界面如图 1-9-4 所示。

（3）求出 200 到 300 之间值为 7 的倍数的数的个数。

（4）要将 100 元钱换成一元、二元和五元的散币，且要求每种散币的个数大于 0，同时要求每种散币的个数为 5 的倍数，应如何编程？

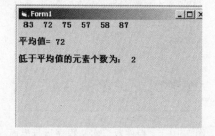

图 1-9-3　程序设计题(1)运行界面

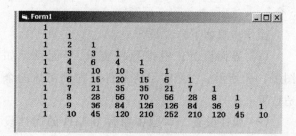

图 1-9-4　程序设计题(2)运行界面

第10章

数组(二)

10.1 实验内容

【实验目的】

(1) 更进一步地学会与数组有关的常用算法。

(2) 学会控件数组的建立与编程。

【实验准备】

预习并总结上次实验的经验,写好实验笔记并上机调试。

【实验内容】

1. 实验范例

试编写程序,向原有单选按钮控件数组中添加或删除控件数组元素。控件数组元素不能超过5个。

操作步骤如下。

(1) 界面设计。根据题目要求,界面设计如图 1-10-1 所示。按照图示将控件添加到窗体的合适位置上。

(2) 属性设置。本题中窗体和控件的属性设置见表 1-10-1。

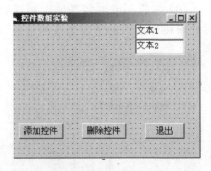

图 1-10-1　控件数组实验程序运行界面

表 1-10-1 窗体和控件的属性设置

默认控件名	设置的控件名称	标题(Caption)	文本(Text)	索引号(Index)
Form1	Form1	控件数组实验	无定义	无定义
Text1	txtCont	无定义	文本 1	Index＝0
Text2	txtCont	无定义	文本 2	Index＝1
Command1	Command1	添加控件	无定义	空白
Command2	Command2	删除控件	无定义	空白
Command3	Command3	退出	无定义	空白

（3）代码编写。

```
Private Sub Command1_Click()
Static idx
If idx = 0 Then idx = 1
idx = idx + 1
If idx > 4 Then Exit Sub
Load txtcont(idx)
txtcont(idx).Top = txtcont(idx - 1).Top + 360
txtcont(idx).Text = "文本" & idx + 1
txtcont(idx).Visible = True
End Sub


Private Sub Command2_Click()
Static idx
If idx = 0 Then idx = 5
idx = idx - 1
If idx < 2 Then Exit Sub
Unload txtcont(idx)
End Sub


Private Sub Command3_Click()
End
End Sub


Private Sub txtcont_Click(Index As Integer)
Select Case Index
Case 0
Cls
Print "第 1 个文本文件框被单击"
Case 1
Cls
Print "第 2 个文本文件框被单击"
Case 2
Cls
```

```
Print "第 3 个文本文件框被单击"
Case 3
Cls
Print "第 4 个文本文件框被单击"
Case 4
Cls
Print "第 5 个文本文件框被单击"
End Select
End Sub
```

（4）调试运行。

① 调试：选择"运行"→"启动"命令，进入运行状态。观察输出结果，如出现错误，则需要单击"退出"按钮结束程序并反复调试程序，直至得到正确结果。

② 运行：调试后，按 F5 键运行程序。运行结果如图 1-10-2 所示。

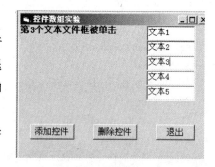

图 1-10-2　控件数组实验程序运行结果

2．程序设计

（1）编一个只有加、减、乘、除四则运算的计算器，要求用控件数组的方法。

（2）任意输入若干个字符到文本框 1 中，通过单击命令按钮将其中的元音字母（a，e，i，o，u）转换成大写字母，其余字符不变。

（3）给定数组 a(10,−30,44,12,−13,77)，试编程将其中的正数赋给 b 数组，负数赋给 c 数组。

（4）给定数组 a(358,32,46,73,23,59,26,91,583,12)，单击命令按钮后，将数组 a 中的 10 个数按升序排序。

10.2　实验问答题

（1）在实验范例中，使用了多个 For 循环语句却只使用 i 作为循环变量，指出其合理性。

（2）指出程序运行结果。

```
Private x As Integer
Private Sub Command1_Click()
Static y As Integer
Dim z As Integer
n = 10
z = n + z
```

```
y = y + z
x = x + z
Label1.Caption = x
Label2.Caption = y
Label3.Caption = z
End Sub
```

(3) 控件数组的名字由 _____ 属性指定,而数组中的每个元素由 _____ 属性指定。

(4) 若使用复制和粘贴方法建立一个命令按钮数组 Command1,则以下对该数组的说法中,错误的是(   )。

A. 数组中的各个控件刚建立时 Caption 属性都相同

B. 数组中的各个控件刚建立时大小是完全相等的

C. 只需使用命令按钮数组名 Command1 就可以在代码中访问任何命令按钮

D. 命令按钮共享同样的事件过程

10.3 常见错误分析

1. Dim 数组声明

有时用户为了程序的通用性,声明数组的上界用变量来表示,如下程序段:

```
n = Inputbox("输入数组的上界")
Dim a(1 to n) As Integer
```

程序运行时将在 Dim 语句处显示"要求常数表达式"的出错信息。即 Dim 语句中声明的数组上、下界必须是常数,不能是变量。解决程序通用的问题,一是将数组声明得很大,这样会浪费一些存储空间;二是利用动态数组,将上例改变如下:

```
Dim a() As Integer
n = InputBox("输入数组的上界")
ReDim a(1 to n) As Integer
```

2. 数组下标越界

引用了不存在的数组元素,即下标比数组声明时的下标范围大或小。例如,要形成有如下 30 项的斐波那契数列:1,1,2,3,5,8,13,21,34,…,317811,514229,832040,正确的程序段如下:

```
Dim a(1 to 30) As Long,i%
  a(1) = 1:a(2) = 1
```

```
For i = 3 to 30
  a(i) = a(i - 2) + a(i - 1)
Next i
```

若将 For i＝3 to 30 改为 For i＝1 to 30,程序运行时会显示"下标越界"的出错信息,因为开始循环时 a＝1,执行到循环体语句 a(i)＝a(i－20)＋a(i－1),数组下标 i－2、i－1均小于下界 1。同样将上例中 a(i)＝a(i－2)＋a(i－1)语句改为 a(i+2)＝a(i)＋a(i+1),程序运行时也会显示"上标越界"的出错信息,这时是数组下标大于上界 30。

3．数组维数错

数组声明时的维数与引用数组元素时的维数不一致。例如下面程序段为形成和显示 3×5 的矩阵:

```
Dim a(3,5) As Long
For i = 1 to 3
  For j = 1 to 5
    a(i) = i * j
    Print a(i);"";
  Next j
  Print
Next i
```

程序运行到 a(i)＝i * j 语句时出现"维数错误"的信息,因为在 Dim 声明时是二维数组,引用时数组仅有一个下标。

4．Array 函数使用问题

Array 函数可方便地对数组整体赋值,但只能声明 Variant 的变量或仅由括号括起的动态数组。赋值后的数组大小由赋值的个数决定。例如,要将 1,2,3,4,5,6,7 这些值赋值给数组 a,表 1-10-2 列出了三种错误及相应正确的赋值方法。

表 1-10-2　Array 函数对数组赋值的错误和正确的方法

错误的 Array 函数赋值	改正的 Array 函数赋值
Dim a(1 to 8)a＝Array(1,2,3,4,5,6,7)	Dim a( )a＝Array(1,2,3,4,5,6,7)
Dim a As Integer a＝Array(1,2,3,4,5,6,7)	Dim a a＝Array(1,2,3,4,5,6,7)
Dim a a( )＝Array(1,2,3,4,5,6,7)	Dim a a＝Array(1,2,3,4,5,6,7)

5．如何获得数组的上界、下界

Array 函数可方便地对数组整体赋值,但在程序中如何获得数组的上界、下界,以保证访问的数组元素在合法的范围内,可使用 Ubound 和 Lbound 函数来决定数组访问。例如

在上例中,若要打印数组 a 的各个值,可通过下面程序段实现:

```
For i = Lbound(a) to Ubound(a)
  Print a(i)
Next i
```

6. 给数组赋值

VB 6.0 提供了可对数组整体赋值的新功能,方便了数组对数组的赋值操作。数组赋值格式如下:

数组名 2＝数组名 1

这里的数组名 2,实际上在前面的数组声明时,只能声明为 Variant 的变量,赋值后的数组 2 的大小、维数、类型同数组名 1;否则,声明成动态或静态的数组,例如:

Dim 数组 2()或　　Dim 数组名 2(下标)

程序在运行到上述赋值语句时显示"不能给数组赋值"的出错信息。所以为了程序的安全和可靠,建议还是用循环结构来给数组赋值。

第11章

Sub 过程与函数调用

11.1 知识点精梳

VB 按功能把程序分为很多个模块,每一个模块分为很多个相互独立的过程,每个过程完成一个特定目的的任务。VB 除了系统提供的内部函数过程和事件过程外,还允许用户根据各自的需要自定义过程。使用过程的优点是:降低程序设计的难度,使程序更加容易阅读和理解,提高程序的可维护性等。

1. Sub 过程的定义和调用

定义 Sub 子过程:

Sub<子过程名>([形参表])

    <过程体语句>

    [Exit Sub]

    [<过程体语句>]

End Sub

调用 Sub 子过程:

Call<子过程名>[(实参表)]

或

<子过程名>[(实参表)]

2. 函数的定义和调用

定义 Function 函数过程:

Function<函数过程名>([形参表])

<过程体语句>

[Exit Function]

<函数过程名>=<表达式>

End Function

调用 Function 函数过程：

函数名（［实参表］）

3．参数传递

一般来说，是在事件过程中调用 Sub 子过程或函数过程，此时实参已有确定的值传递给形参，传递的方式有两种：按值传递和按地址传递。在前面的参数列表中参数定义时，若前面加"ByVal"，是按值传递，默认或加"ByRef"是按地址传递。

（1）**按值传递**：是单向传递。参数在传递时，实参把值赋给形参后就没有联系了，此时形参在内存中有自己的内存单元，它的值的变化也只是影响自己的内存单元中的值，与实参毫无关系。

（2）**按地址传递**：是双向传递。参数在传递时，实参把地址传给形参，形参在内存中没有自己的内存单元，所以实参和形参共用同一个内存中的地址。即调用时实参将值传递给形参，调用结束时由形参将操作结果返回给实参。

4．变量的作用域

（1）**全局变量**：以 Public 关键字开头的变量为全局变量，在整个应用程序中都有效。

（2）**窗体、模块级变量**：在通用声明段用 Dim 或 Private 关键字声明的变量，在该窗体或模块内有效。

（3）**局部变量**：在过程中声明的变量，在该过程调用时分配内存空间并初始化，过程调用结束时，回收其分配的内存空间。

（4）**静态变量**：局部变量声明前加 Static 关键字，在程序运行的过程中始终保留该值。

5．递归过程

递归过程是指过程定义中调用（直接或间接调用）了本过程的过程。

递归过程的定义必须具有两个特征：递归条件和递归形式。

递归过程的执行分为两个阶段：递推阶段（自调用阶段）和回归阶段（返回到自调用语句的下一条语句执行）。递推的次数与回归的次数应相同。

11.2 实验内容

【实验目的】

（1）掌握自定义函数过程和子过程的定义和调用方法。

（2）掌握形参和实参的对应关系。

（3）掌握值传递和地址传递的传递方式。

（4）理解变量、函数和过程的作用域。

（5）熟悉程序设计中的常用算法。

（6）掌握递归的概念和使用方法。

【实验准备】

（1）复习教材中关于"过程"的有关内容。

（2）预习"SUB"子过程和"Function"函数过程的建立。

【实验内容】

1. 实验范例

编写一个函数过程 Longestw（s），在已知的字符串 s 中，找出最长的单词。假定字符串 s 内只含字母和空格，空格分隔不同的单词。

操作步骤如下。

（1）界面设计。根据题目要求，界面设计如图 1-11-1 所示。按照图示将控件添加到窗体的合适位置上。

（2）属性设置。本题中窗体和控件的属性设置见表 1-11-1。

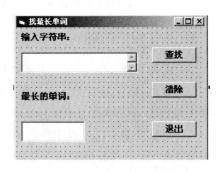

图 1-11-1　找最长单词程序界面设计

表 1-11-1　窗体和控件的属性设置

默认控件名	标题(Caption)	文本(Text)	其他属性
Form1	找最长单词	无定义	
Label1	输入字符串	无定义	
Label2	最长的单词	无定义	
Text1	无定义	空白	Multiline＝True Scrollbars＝2
Text2	无定义	空白	
Command1	查找	无定义	
Command2	清除	无定义	
Command3	退出	无定义	

（3）代码编写。

```
Private Sub Command1_Click()
    Text2.Text = longestw(Text1.Text)
```

```
End Sub


Private Sub Command2_Click()
  Text1.Text = ""
  Text2.Text = ""
End Sub


Private Sub Command3_Click()
  End
End Sub


Private Function longestw(lw As String)
  Dim word1 As String, letter As String, s As String
  Dim ll As Integer, lent As Integer, jsq As Integer
  s = Text1.Text + " "
  lent = Len(s)
  jsq = 0
  ll = 0
  lw = ""
  word1 = ""
  For i = 1 To lent
    letter = Mid(s, i, 1)
    If letter <> " " Then
      word1 = word1 + letter
      jsq = jsq + 1
    Else
      If jsq > ll Then
      ll = jsq
      lw = word1
      word1 = ""
      jsq = 0
    Else
      jsq = 0
      word1 = ""
    End If
    End If
  Next i
  longestw = lw
End Function
```

（4）调试运行。

① 调试：选择"运行"→"启动"命令，进入运行状态。观察输出结果，如出现错误，则需要单击"退出"按钮结束程序并反复调试程序，直至得到正确结果。

② 运行：调试后，按 F5 键运行程序。运行结果如图 1-11-2 所示。

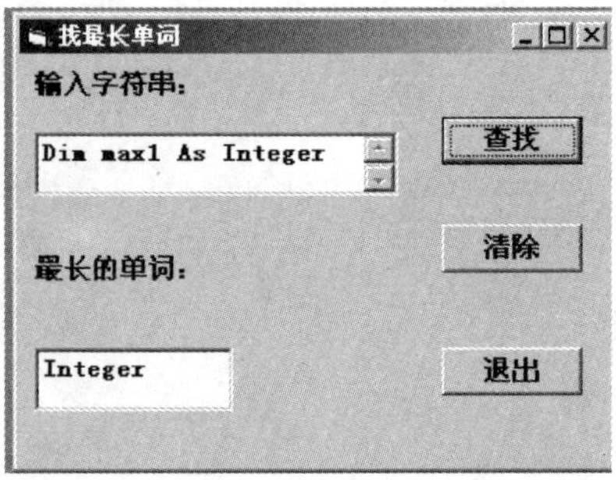

图 1-11-2　找最长单词程序运行结果

2．程序设计题

（1）新建窗体，增加一个命令按钮 Command1，其对应的事件过程为：

```
Private Sub Command1_Click()
    a = 3
    b = 4
    Call swap(a,b)
    Print a,b
End Sub
```

请编写子过程 swap，其功能为实现两数的互换。要求分别用传值和传址两种方式实现参数的传递，并比较其结果。

（2）一个窗体单击事件过程（Form_Click()）和函数（sum）组成的应用程序，在 Form_Click()过程中 5 次调用函数 sum()，使运行该程序后屏幕显示：

　isum = 1　　isum = 2　　isum = 3　　isum = 4　　isum = 5

（3）编写程序，求 S＝A！＋B！＋C！，阶乘的计算分别用 Sub 过程和 Function 过程两种方法来实现。设 A＝5，B＝7，C＝9。

（4）设有一个窗体的 Form_Load()代码如下：

```
Private Sub Form_Load()
  Show
  Dim b() As Variant
  b = Array(1, 3, 5, 7, 9, 11, 13, 15)
  Call search(b)
  For i = 0 To 7
    Print b(i)
    Next i
End Sub
```

请写出过程 search(b)的代码，以实现把数组中的元素按逆序显示。

（5）编写一个子过程，求一维数组 a 中的最小值，子过程的形参自己确定。主调用程序随机产生 10 个 -300～-400 范围内的整数,调用子过程,显示最小值。

11.3 实验问答题

(1) 函数过程和子过程的主要区别是什么。

(2) 为了通过传值方式来传送过程参数,应使用的关键字是( )。

A. Value   B. ByVal   C. ByRef   D. Reference

(3) 在通用过程中,为了把某个参数定义为可变参数,应使用的关键字是( )。

A. Optional   B. ByVal   C. Missing   D. ParamArray

(4) 在定义窗体层变量时,不能使用的关键字是( )。

A. Dim   B. Private   C. Static   D. Public

(5) 要使变量在某事件过程中保值,有哪几种变量声明的方法?

11.4 常见错误分析

1. 程序设计算法问题

本章程序编写难度较大,主要是算法的构思比较困难,这也是程序设计中最难学习的阶段。经验告诉每一个程序设计的初学者,没有捷径可走,多看、多练、知难而进。上机前一定要先编写好程序,仔细分析、检查,才能提高上机调试的效率。

2. 确定自定义的过程是子过程还是函数过程

实际上过程是一个具有某种功能的独立程序单位,供多次调用。子过程与函数过程的区别是前者子过程名无值;后者函数过程名有值。若过程有一个返回值,则习惯使用函数过程;若过程无返回值,则使用子过程;若过程返回多个值,一般使用子过程,通过实参与形参的结合带回结果,当然也可通过函数过程名带回一个结果,其余结果通过实参与形参的结合带回。

3. 过程中形参的个数和传递方式的确定

过程中参数的作用是实现过程与调用者的数据通信。一方面,调用者为子过程或函数过程提供初值,这是通过实参传递给形参实现的;另一方面,子过程或函数过程将结果传递给调用者,这是通过地址传递方式实现的。因此,VB 中形参与实参的结合有传值和传址两种方式。区别有如下几点。

(1) 在定义形式上前者在形参前加 ByVal 关键字。

（2）在作用上值传递只能从外界向过程传入初值，但不能将结果传出；而地址传递既可传入又可传出。

（3）如果实参是数组、自定义类型、对象变量等，形参只能是地址传递。

4. 实参与形参类型对应问题

在地址传递方式时，调用过程实参与形参类型要一致。

在值传递时，若是数值型，则实参按形参的类型将值传递给形参。

5. 变量的作用域问题

局部变量，在对该过程调用时分配该变量的存储空间，当过程调用结束时回收分配的存储空间，也就是调用一次，初始化一次，变量不保值；窗体级变量，当窗体装入时分配该变量的存储空间，直到该窗体从内存中卸掉，才回收该变量分配的存储空间。

6. 变量有局部、模块级和全局区分，控件是否也有局部、全局的区分

所有的控件都可以被任何代码使用，因此，从某种意义上说，控件都是公用的、全局的。

第12章
菜单设计与通用对话框(用户界面)

12.1 知识点精梳

1. 菜单设计

菜单有两种类型:下拉式菜单和弹出式菜单。在程序设计状态,选择"工具"→"菜单编辑器"命令,即可对菜单项进行设计。每一个创建的菜单至多有4级子菜单,其中每一个菜单分别是一个控件,都有相应的名字。菜单控件只能识别"Click"事件。

不管是下拉式菜单还是弹出式菜单,都是在菜单编辑器中设置的。弹出式菜单需要在程序中使用 PopupMenu 方法显示,而下拉式菜单在程序开始时会自动显示。

2. 通用对话框

通用对话框向用户提供了打开、另存为、颜色、字体、打印和帮助6种类型的对话框。使用它们可以减少设计程序的工作量。程序运行时不会显示通用对话框,必须在程序中分别通过 ShowOpen、ShowSave、ShowColor、ShowFont、ShowPrinter 和 ShowHelp 方法或设置 Action 属性激活所需的对话框。通用对话框仅提供了一个用户和应用程序的信息交互界面,具体的功能还需编写相应的程序实现。

使用通用对话框前应先将通用对话框图标添加到工具箱:右击工具箱,在弹出的快捷菜单中选择"部件"命令,弹出"部件"对话框。在该对话框中选中"Microsoft Common Dialog Control 6.0"复选框,如图 1-12-1 所示。单击"确定"按钮即可将通用对话框添加到工具箱中。

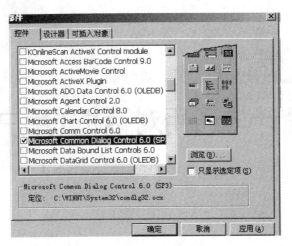

图 1-12-1　"部件"对话框

12.2　实验内容

【实验目的】

（1）学会使用通用对话框进行编程。
（2）掌握 VB 菜单设计窗口的使用。
（3）掌握在应用程序中设计下拉菜单、弹出式菜单和实时菜单的方法。
（4）掌握多窗体程序设计的一般步骤和方法。

【实验准备】

预习教材中有关"菜单与多窗体程序设计"的内容。

【实验内容】

1. 实验范例

设计一个含有 4 个主菜单项的菜单系统，其中"文件"菜单包括"打开"、"保存"、"退出"，"编辑"菜单包括"12 号字体"、"16 号字体"、"粗体"、"斜体"，"颜色"菜单调用系统调色板。其界面如图 1-12-2 所示。

操作步骤如下。

（1）界面设计。根据题目要求，首先，选择"工具"→"菜单编辑器"命令，设置各菜单项的属性。选择"工程"→"部件"命令，在打开的"部件"对话框中选中"Microsoft Common

Dialog Control 6.0"复选框,如图 1-12-1 所示,使通用对话框控件出现在控件工具箱中。然后在窗体上的任意位置添加通用对话框控件。界面设计如图 1-12-2 所示。按照图示将控件添加到窗体的合适位置上。

图 1-12-2　菜单程序设计界面

（2）属性设置。本题中窗体和控件的属性设置见表 1-12-1。

表 1-12-1　窗体和控件的属性设置

默认控件名	设置的控件名	标题	文本	其他属性
Form1	Form1	菜单程序设计	无定义	
Text1	Text1	无定义	空白	Multiline＝true Scrollbars＝2
CommonDialog1	CommonDialog1	空白	无定义	
主菜单项 1	wj	文件		
子菜单项 1	dk	打开		
子菜单项 2	bc	保存		Enabled＝False
子菜单项 3	tc	退出		
主菜单项 2	bj	编辑		
子菜单项 1	zi12	12 号字体		
子菜单项 2	zi16	16 号字体		
子菜单项 3	ct	粗体		
子菜单项 4	xt	斜体		
主菜单项 3	ys	颜色		
主菜单项 4	xx	选项	无定义	

（3）代码编写。

（4）调试运行

① 调式：选择"运行"→"启动"命令,进入运行状态。观察输出结果,如出现错误,则选择程序的"文件"→"退出"命令结束程序,并反复调试程序,直至得到正确结果。

② 运行：调试后,按 F5 键运行程序。运行结果如图 1-12-3、图 1-12-4 和图 1-12-5 所示。

```
Private Sub bc_Click()
    CommonDialog1.ShowSave
```

```
End Sub

Private Sub ct_Click()
    ct.Checked = Not ct.Checked
    Text1.FontBold = ct.Checked
End Sub

Private Sub dk_Click()
    CommonDialog1.ShowOpen
    CommonDialog1.Action = 1
    pathname = "c:\winnt\notepad.exe"
    bc.Enabled = True
End Sub

Private Sub Form_Load()
    CommonDialog1.FileName = "e:\sjlx\wordlx\*.txt"
    CommonDialog1.InitDir = "e:\sjlx\wordlx\"
    CommonDialog1.Filter = "文本文件(*.txt)|*.txt|all file(*.*)|*.*"
    FilterIndex = 1
End Sub

Private Sub Form_MouseDown(Button As Integer, Shift As Integer, X As Single, Y As Single)
    If Button = 2 Then
        PopupMenu wj, 2
    End If
End Sub

Private Sub tc_Click()
    End
End Sub

Private Sub wj_Click()
    bc.Enabled = Not bc.Enabled
End Sub

Private Sub xt_Click()
    xt.Checked = Not xt.Checked
    Text1.FontItalic = Not Text1.FontItalic
End Sub

Private Sub ys_Click()
    CommonDialog1.CancelError = False
    CommonDialog1.ShowColor
    CommonDialog1.Action = 3
    Text1.ForeColor = CommonDialog1.Color
End Sub
```

```
Private Sub zi12_Click()
  zi12.Checked = Not zi12.Checked
  Text1.FontSize = 12
End Sub


Private Sub zi16_Click()
  zi16.Checked = Not zi16.Checked
  Text1.FontSize = 16
End Sub
```

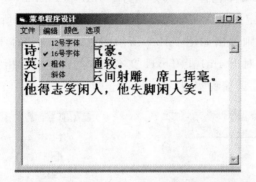

图 1-12-3　选择"编辑"菜单下的命令

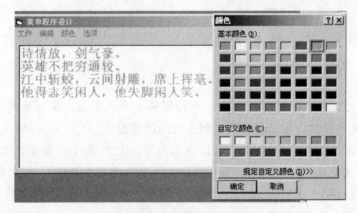

图 1-12-4　选择"颜色"命令

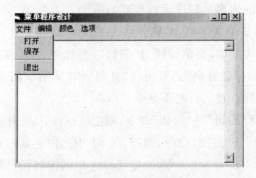

图 1-12-5　选择"文件"菜单下的命令

2．程序设计题

（1）设计一个应用程序，该程序包括一个主菜单，由 File 和 Edit 两项组成，分别设置 F 和 E 为热键，File 菜单包括 Open 和 Save 两项，Edit 菜单包括 Font 和 Color 两项，各菜单项的名称自定。选择 File→Open 命令时，弹出"打开"对话框（分别用 showOpen 方法和 Action 属性两种方法）。选择 Edit→Font 命令时弹出"字体"对话框（注意设置 Flags 为 1），选择 Edit→Color 命令时弹出"颜色"对话框。

（2）在工程中添加 2 个窗体，名称分别为 Form1 和 Form2，其中 Form1 是启动窗体，而 Form2 用来作为自定义对话框。界面如图 1-12-6、图 1-12-7 所示。要求程序运行后，单击"设置"命令按钮，则弹出如图 1-12-7 所示的对话框（即窗体 Form2），如果选中单选按钮和复选按钮，则可对 Form1 上 Text1 文本框中的文字进行相应的设置，如果单击"取消"按钮，则结束程序。请编程实现。

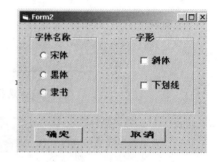

图 1-12-6　程序设计题(2)Form1 窗体　　　　图 1-12-7　程序设计题(2)Form2 窗体

（3）窗体上添加 1 个文本框、1 个命令按钮和 1 个列表框。编写事件过程实现单击命令按钮后，文本框的内容总是出现在列表框的最前面。

（4）在窗体上添加 2 个文本框，名称分别为 Text1 和 Text2，初始内容为空白，然后建立 1 个下拉式菜单，菜单标题为"操作"，名称为 m1，含 2 个子菜单项，名称分别为 Copy 和 Clear，标题分别为"复制"、"清除"。编写适当的事件过程，使得程序运行后，如果选择"操作"→"复制"命令，则把 Text1 中的内容复制到 Text2 中，如果选择"操作"→"清除"命令，则清除 Text2 中的内容。程序运行界面如图 1-12-8 所示。

（5）在窗体上添加 3 个文本框，名称分别为 Text1、Text2 和 Text3，初始内容均为空白，然后建立 1 个下拉式菜单，菜单标题为"编辑"，名称为 edit，含 3 个子菜单项，名称分别为 cut、copy 和 paste，标题分别为"剪切"、"复制"和"粘贴"，用于实现简易的剪贴板功能。以 Text3 作为剪贴板，在运行时不显示 Text3。

要求：① 如果选择"编辑"→"剪切"命令，则把 Text1 中的内容剪切到 Text3 中。

② 如果选择"编辑"→"复制"命令，则把 Text1 中的内容复制到 Text3 中。

③ 如果选择"编辑"→"粘贴"命令，则把 Text3 中的内容粘贴到 Text2 中。

④ 如果 Text1 中没有内容，则"复制"、"剪切"菜单项无效；如果剪贴板（Text3）中无

内容,则"粘贴"菜单项无效;其他情况下各菜单项均有效。如图1-12-9所示。

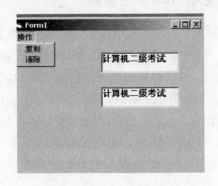

图1-12-8 程序设计题(4)运行界面

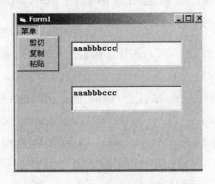

图1-12-9 程序设计题(5)运行界面

12.3 实验问答题

(1) 弹出式菜单和下拉菜单有何区别？它们之间的关系是什么？

(2) 如果要将某个菜单项设计为分隔线,则该菜单项的标题应设置为什么？

(3) 菜单项控件只能触发1个事件,这个事件是什么？

(4) 建立弹出式菜单所使用的方法是什么？

(5) 下面不是菜单编辑器组成部分的是( )。

A.编辑区　　　　　B.菜单项显示区　　　C.菜单栏　　　　　　D.数据区

12.4 常见错误分析

1. 在程序中对通用对话框的属性设置不起作用

在程序中对通用对话框的属性设置必须注意语句的先后顺序,属性设置语句必须放在打开对话框语句前,否则在程序中对通用对话框的属性设置在本次使用中不起作用。例如,下面的程序代码先打开对话框,再进行属性设置。在第一次执行本代码时,无法过滤文件,ShowOpen语句后面的属性设置语句对下一次执行ShowOpen有效。

```
CommonDialog1.ShowOpen
CommonDialog1.FileName = " * .Bmp"
CommonDialog1,InitDir = "C:\Windows"
CommonDialog1.Filter = "Pictures( * .Bmp)| * .Bmp|All Files( * . * )| * . * "
CommonDialog1.FilterIndex = 1
```

2．设置通用对话框的 CancelError 属性为 True 发生错误

设置通用对话框的 CancelError 属性为 True 时，无论何时单击"取消"按钮，都会产生 32755(cdlCancel)号错误。VB 通过系统对象 Err 来记录程序运行期间所发生的错误。Err 对象的 Number 属性记录错误号，Description 属性保存有关错误的说明。例如，当在 CancelError 属性为 True 的通用对话框中单击"取消"按钮时，产生一个错误，Err.Number 被设置为 32755，Description 属性被设置为"单击'取消'按钮"。如果不对错误进行处理，VB 将显示出错消息并停止程序运行。为防止由于错误造成停止程序运行的问题，可以使用 On Error 语句捕获错误，然后根据捕获的错误进行处理。常用的 On Error 语句形式有：

```
On Error Resume Next        '忽略发生错误的命令行,执行下一句命令
On Error GoTo 语句标号        '当发生错误时转向语句标号所指定的命令行
```

下面的程序说明当在"颜色"对话框中单击"取消"按钮时，CommonDialog1.ShowColor 语句产生 32755 号错误。On Error 语句在捕获到错误后，转向执行标号 ErrorHandler 所指定的命令行，在标签 Label1 上显示"放弃操作"，并忽略产生错误的那一行命令与标号之间的所有语句。

```
Private Sub Command1_Click()
    On Error GoTo ErrorHandler
    CommonDialog1.CancelError = True
    CommonDialog1.ShowColor
    Text1.ForeColor = CommonDialog1.Color
    Exit Sub
    ErrorHandler:
    If Err.Number = 32755 Then Label1.Caption = "放弃操作"
End Sub
```

3．在使用 CommonDialog 控件控制字体选择时出现如图 1-12-10 所示的错误

这是由于没有设置 CommonDialog 控件的 Flags 属性，或属性值不正确。通常设置该值为 &H103，表示屏幕字体、打印机字体两者皆有之，并在字体对话框中出现删除线、下划线、颜色等元素。

图 1-12-10　使用 CommonDialog 控件控制字体选择时出现的错误

4. 窗体菜单名、顶层菜单与菜单项的区别

通常出现在菜单栏上的菜单对象叫做菜单名,菜单名以下拉列表形式包含的内容为菜单项。菜单项可以包括菜单命令、分隔条和子菜单标题。当菜单名没有菜单项时称为"顶层菜单",可直接对应一个应用程序。菜单名、顶层菜单与菜单项都是在菜单编辑器中定义的,它们的区别在于以下几点。

(1)菜单名、顶层菜单不能定义快捷键,而菜单项可以有快捷键。

(2)当菜单包含有热键字母(菜单标题中"&"后的字母)时,按 Alt+热键字母可选择窗体顶部菜单栏中的菜单项,当子菜单打开时,按热键字母选择子菜单中的菜单项。如果子菜单没有打开,按热键字母无法选择其中的菜单项。

(3)尽管所有的菜单项都能响应 Click 事件,但是菜单栏中的菜单名通常不需要编写事件过程。

第13章

数据文件的使用

13.1　知识点精梳

1. VB 的文件管理控件

VB 提供了 3 种可直接浏览系统目录结构和文件的常用控件(驱动器列表框、目录列表框和文件列表框)。

(1) **驱动器列表框**:是下拉式列表框。能自动获得当前计算机上的磁盘信息,用户可单击选择当前驱动器。其 Drive 属性可返回或设置所选定的驱动器,每次重设 Drive 属性都会产生一个 Change 事件。

(2) **目录列表框**:用于显示当前驱动器中的文件夹列表。用户可以通过双击任意一个可见目录来显示该目录中的所有子目录,并使该目录成为当前目录。其 Path 属性用来在程序运行时返回或设置当前目录,每次重设 Path 属性都会产生一个 Change 事件。

(3) **文件列表框**:用于显示当前目录中的文件列表。Path 属性同目录列表框的 Path 属性一样,用于设置当前文件列表框内所显示文件的存储路径。文件列表框总是显示 Path 所指向的文件夹中的文件。Filename 属性用于返回或设置被选定文件的文件名(不包括路径)。用户还可以根据文件的属性来决定是否在文件列表框中显示,文件列表框提供了 Archive、Normal、System、Hidden、ReadOnly 五种属性,可通过设置其属性为 True 或 False 来决定是否显示其相应属性的文件。

3 个文件管理控件的重要属性和事件见表 1-13-1。

除了表 1-13-1 中的重要属性外,文件管理控件还具有列表框的其他属性,如 List、ListIndex、ListCount 等。

表 1-13-1　文件管理控件的重要属性和事件

对　　象	重 要 属 性	重 要 事 件
驱动器列表框	Drive	Change
目录列表框	Path	Change Click
文件列表框	Path Pattern Filename	Click DbClick PatternChange

　　文件管理的 3 个控件不能自动联动。要实现它们的联动,则必须通过编程来实现。假设驱动器列表框名为 Drive1,目录列表框名为 Dir1,文件列表框名为 File1,则有以下过程实现文件管理的联动:

```
Private Sub Drive1_Change()
   Dir1.Path = Drive1.Drive
End Sub
Private Sub Dir1_Change()
   File1.Path = Dir1.Path
End Sub
```

2. 文件的类型

VB 程序中可操作的数据文件分为以下 3 类。
(1) **顺序文件**:保存任意类型的数据,必须按顺序读/写文件中的内容。
(2) **随机文件**:由等长记录组成的文件,可以任意指定读/写文件中的记录。
(3) **二进制文件**:保存任意类型的数据,以字节为单位读/写文件中的内容。
　　文件的读/写:将数据从变量(内存)写入文件(存放在外存上),称为输出,使用规定的"写语句";将数据从文件(存放在外存上)读到变量(内存),称为输入,使用规定的"读语句"。
　　文件缓冲区:文件打开后,VB 为文件在内存中开辟了一个缓冲区。对文件的读/写都经过缓冲区。使用文件缓冲区的好处是提高文件读/写的速度。一个打开的文件对应一个缓冲区,每个缓冲区有一个缓冲区号,即文件号。

3. 文件的操作

(1) 打开文件。使用 Open 语句,基本格式如下:
Open＜文件名＞ For ＜打开方式＞ As ［＃］＜文件号＞ ［Len＝＜记录长度＞］
(2) 读/写文件。用不同的方式打开的文件,使用的读写语句不同,见表 1-13-2。
(3) 关闭文件。使用 Close 语句,格式如下:
Close［＃＜文件号＞］

表 1-13-2　VB 数据文件的打开方式及对应的读/写方法

文件类型	打开方式	读/写语句	说　明
顺序文件	Input(读)	Input ♯ ＜文件号＞,＜变量表＞	依次从文件中读数据赋给变量表中的变量
		Line Input ♯ ＜文件号＞,＜字符变量＞	从文件中读一行文本赋给字符变量
		函数 Input(＜字符长度＞,♯ ＜文件号＞)	从文件中读出指定长度的文本
	Output(写)	Print ♯ ＜文件号＞,＜输出项表＞ Write ♯ ＜文件号＞,＜输出项表＞	将输出项表中各输出项的值依次写入新文件
	Append(追加)	Print ♯ ＜文件号＞,＜输出项表＞ Write ♯ ＜文件号＞,＜输出项表＞	将输出项表中各输出项的值追加到文件的尾部
随机文件	Random	读：Get ♯ ＜文件号＞,[＜记录号＞],＜变量名＞ 写：Put ♯ ＜文件号＞,[＜记录号＞],＜变量名＞	
二进制文件	Binary	读：Get ♯ ＜文件号＞,[＜位置＞],＜变量名＞ 写：Put ♯ ＜文件号＞,[＜位置＞],＜变量名＞	位置是按字节计数的读写位置。若默认,则文件指针从头到尾顺序移动

13.2　实验内容

【实验目的】

(1) 掌握文件系统控件的使用。

(2) 掌握文件和目录操作语句和函数的使用。

(3) 掌握顺序文件、随机文件及二进制文件的特点和使用。

(4) 掌握文件的打开,关闭和读写操作。

(5) 学会文件在应用程序中的使用。

【实验准备】

预习教材中有关"文件操作"的内容。

【实验内容】

1. 实验范例

【例 1-13-1】　用 Write 语句向顺序文件输出数据。新建一个工程,在窗体编写如下

Click 事件过程：

```
Private Sub Form_Click()
    Open "d:\a.txt" For Output As #1
    Write #1,1;2;3;4;5;6;7
    Write #1,8;9;10;11;12;13;14
    Write #1,
    Write #1,"abcde","fghij",True,
    Write #1,False
    Close #1
End Sub
```

调试程序无错后，将会在 D 盘上产生一个文本文件 a.txt，而 a.txt 文件的内容和格式，如图 1-13-1 所示。

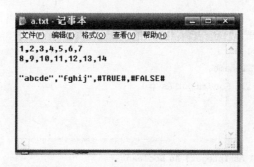

图 1-13-1　例 1-13-1 程序运行后产生的 a.txt 文件

【例 1-13-2】　在窗体上添加 2 个单选按钮、1 个文本框和 2 个命令按钮，如图 1-13-2 所示。编写适当的事件过程，程序运行后，如果选中 1 个单选按钮并单击"计算"命令按钮，则计算出单选按钮标题所指明的所有素数之和，并在文本框中显示出来；如果单击"存盘"命令按钮，则把计算结果存入当前目录下的 out.txt 文件中。

操作步骤如下。

（1）界面设计。根据题目要求设计的界面如图 1-13-2 所示。

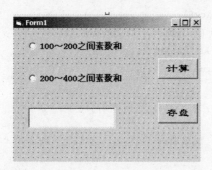

图 1-13-2　例 1-13-2 程序运行界面

（2）属性设置。本题中窗体和控件的属性设置见表 1-13-3。

表 1-13-3　窗体和控件的属性设置

默认控件名	标题（Caption）	文本（Text）
Form1	Form1	无定义
Option1	100～200 之间素数和	无定义
Option2	200～400 之间素数和	无定义
Text1	无定义	空白
Command1	计算	无定义
Command2	存盘	无定义

（3）代码编写。

① 选择"工程"→"添加模块"命令，然后在该模块窗口中定义如下的 Sub 过程和函数。

```
Sub putdata(t_filename As String, T_str As Variant)
  Dim sfile As String
  sfile = "\" & t_filename
  Open App.Path & sfile For Output As #1
  Print #1, T_str
  Close #1
  End Sub
Function isprime(t_I As Integer) As Boolean
  Dim j As Integer
  isprime = False
  For j = 2 To t_I / 2
    If t_I Mod j = 0 Then Exit For
  Next j
    If j > t_I / 2 Then isprime = True
  End Function
```

② 对"计算"和"存盘"命令按钮编写代码。

```
Private Sub Command1_Click()
  Dim i As Integer, j As Integer, sum As Integer
  Dim a1 As Integer, a2 As Integer
  If Option1.Value = True Then
    a1 = 100
    a2 = 200
  Else
    If Option2.Value = True Then
      a1 = 200
      a2 = 400
    End If
  End If
```

```
  sum = 0
  For i = a1 To a2
    If isprime(i) Then sum = sum + i
  Next i
  Text1.Text = Str(sum)
End Sub

Private Sub Command2_Click()
  putdata "out.txt", Text1.Text
End Sub
```

（4）调试运行。

① 调试：选择"运行"→"启动"命令，进入运行状态。观察输出结果，如出现错误，则需要结束程序并反复调试程序，直至得到正确结果。

② 运行：调试后，按 F5 键运行程序。运行结果如图 1-13-3 所示。

2. 程序设计题

（1）在窗体上设计 1 个如图 1-13-4 所示的界面。编写适当的事件过程，程序运行后，把 in.txt 文件的内容读入内存，并在文本框中显示出来，如图 1-13-5 所示。然后在文本的最前面输入 1 行汉字"枫桥夜泊"，如图 1-13-6 所示。如果单击"存盘"命令按钮，则把文本框修改过的内容保存到文件 out.txt 中。注意：只能在最前面插入文字，不能修改原有文字。

文件 in.txt 的内容如下：

> 月落乌啼霜满天，
> 江枫渔火对愁眠。
> 姑苏城外寒山寺，
> 夜半钟声到客船。

图 1-13-3　例 1-13-2 程序运行结果　　　　图 1-13-4　程序设计题(1)界面

（2）在窗体上添加 1 个文本框和 1 个命令按钮。编写适当的事件过程，程序运行后，如果单击"计算"命令按钮，则求出 100～300 之间所有可以被 3 整除的数的总和，在文本框中显示出来，并把结果存入当前目录下的 out.txt 中。程序运行的界面如图 1-13-7 所示。要求保存文件通过 1 个通用过程来实现。

图 1-13-5　显示 in. txt 文件的内容　　　　图 1-13-6　输入汉字"枫桥夜泊"

（3）假定有 1 个名为 in. txt 的文本文件，其内容如下：

32 43 76 58 28 12 98 57 31 42 53 64 75 86 97 13 24 35 46 57 68 79 80 59 37

编写适当的事件过程，程序运行后，如果单击窗体，则把文件 in. txt 中的数据输入到二维数组 Mat 中，在窗体上按 5 行、5 列的矩阵形式显示出来，并输出矩阵左上—右下对角线上的数据，如图 1-13-8 所示。

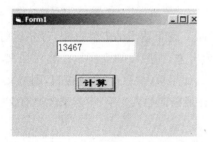

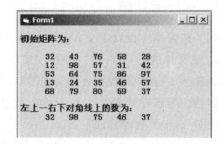

图 1-13-7　程序设计题（2）运行界面　　　　图 1-13-8　程序设计题（3）运行结果

13.3　实验问答题

（1）随机文件与顺序文件有什么区别？如何对随机文件进行读写操作？

（2）文件中的 Close ♯1, Close ♯2 可否不要，为什么？

（3）窗体默认坐标系是怎样的？若使 Y 轴正向向上，Scale 语句应该如何编写？

（4）PictureBox 控件和 Image 控件有什么区别？

13.4　常见错误分析

1. 当使用文件系统控件对文件进行打开操作时，显示"文件未找到"的出错信息

如下语句：

Open File1. Path+File1. fileName For Input As ♯1

当选定的目录是根目录时,上述语句执行正确;而当选定的目录为子目录时,上述语句执行时显示"文件未找到"出错信息。

语句中 File1. Path 表示当前选定的路径,File1. FileName 表示当前选定的文件,合起来表示文件的标识符。

当选定的文件在 C 盘根目录下,则 File1. Path 的值为"C:\",假定选定的文件名为"t1. txt",则 File1. Path+File1. FileName 的值为"C:\t1. txt",为合法的文件标识符。

当选定的文件在 C 盘的子目录 my 下,File1. Path 的值为"C:\my",假定选定的文件名为"t1. txt",则 File1. Path+File1. FileName 的值为"C:\my t1. txt",子目录与文件名之间少了一个"\"分隔符。所以为了保证程序正常运行,Open File1. Path+File1. FileName For Input As ♯1 改为:

```
Dim F $
If Right(File1. Path, 1) = "\" then         '表示选定的是根目录
  F = File1. Path + File1. FileName
Else                                        '表示选定的是子目录,子目录与文件名之间加"\"
  F = File1. Path + "\" + File1. FileName
End If
  Open F For Input As ♯1
```

2. Open 语句中欲打开的文件名是常量也可以是字符串变量,但使用者概念不清,导致出现"文件未找到"的出错信息

如从盘上读入文件名为"C:\my\t1. txt",正确的常量书写如下:

```
Open "C:\my\t1. txt"  For Input As ♯1      '错误的书写常量两边少双引号
```

或正确的变量书写如下:

```
Dim F $
F = "C:\my\t1. txt"
Open F For Input As ♯1                      '错误的书写变量 F 两边多了双引号
```

3. 文件没有关闭又被打开,显示"文件已打开"的出错信息

如下语句:

```
Open "C:\my\t1. txt" For Input As ♯1
Print F
Open "C:\my\t1. txt" For Input As ♯1
Print "2"; F
```

执行到第 2 个 Open 语句时显示"文件已打开"的出错信息。

4. 文件系统的 3 个控件不能自动产生关联

当驱动器改变时,目录列表框不能跟着相应改变;或者当目录列表框改变时,文件列表框不能跟着相应改变。要 3 个控件产生关联,应使用下面两个事件过程:

```
Private Sub Drive1_Change()
    Dir1.Path = Drive1.Drive
End Sub
Private Sub Dir1_Change()
    File1.Path = Dir1.Path
End Sub
```

5. 如何在目录列表框表示当前选定的目录

在程序运行时双击目录列表框的某目录项,则将该目录项改变为当前目录,其 Dir1.Path 的值作相应的改变。而当单击选定该目录项时,Dir1.Path 的值并没有改变。为了对选定的目录项进行有关的操作,即与 ListBox 控件中某列表项的选定相对应,则表示如下:

```
Dir1.List(Dir1.ListIndex)
```

第14章

图形操作

14.1 知识点精梳

Visual Basic 6.0 提供了强大的图形设计功能。在 VB 程序设计中,进行图形设计的途径一般有 3 种:使用已存在的图形文件、使用 VB 提供的绘图控件以及使用 VB 提供的绘图方法。

1. 自定义坐标系统

Scale 方法用于为窗体与图片框创建新的坐标系统,其语法如下:

对象.Scale (x1,y1)-(x2,y2)

其中:x1,y1 为定义区域的左上角坐标;x2,y2 为定义区域的右下角坐标。当 Scale 方法不带参数时,则取消用户自定义的坐标系,而采用默认坐标系。

2. 图形控件

(1) Picture Box:图片框(Picture Box)控件用来显示图形。程序设计时,用 Picture 属性来设置要显示的图片,如果要想在程序运行时显示或替换图片,可用 LoadPicture 函数设置 Picture 属性,其格式为:

对象.Picture=LoadPicture (FileName)

其中参数 FileName 为包含全路径名或有效路径名的图片文件名。若省略 FileName 参数,则清除图片框的图像。Picture Box 控件具有 AutoSize 属性。当该属性设置为 True 时,Picture Box 能自动调整大小与显示的图片匹配;将 AutoSize 属性设置为 False,则将根据图片框的大小自动剪切图片。

(2) Image:图像框(Image)控件与 Picture Box 控件相似,但它只用于显示图片,而不能作为其他控件的容器,也不支持 Picture Box 的高级方法。因此,图像框比图片框占用内存少。Image 控件加载图片的方法与 Picture Box 控件一样,Image 控件有 Strech 属性,当 Strech 属性设为 False(默认值)时,Image 控件可根据图片调整控件的大小;当 Strech 属性设为 True 时,根据 Image 控件大小来调整图片的大小,这可能使图片变形。

（3）Line：线控件（Line）可用来在窗体上或图片框上显示各种类型和宽度的线条。

（4）Shape：形状控件（Shape）可用于显示矩形、正方形、圆形或椭圆形等形状。程序设计时，用 Shape 属性定义该控件显示的图形效果，用 BoderStyle 属性定义图形边框样式，用 FillStyle 属性定义图形的填充样式。

3．图形控件的重要属性

图形控件的重要属性见表 1-14-1。

表 1-14-1　图形控件的重要属性

图形控件属性	用　　途
AutoRedraw、ClipControls	图形显示处理
CurrentX、CurrentY	当前绘图位置
BorderStyle	图形边框线和绘制直线的类型
FillStyle、FillColor	决定图形的填充图案和色彩
DrawWidth、DrawMode、DrawStyle	绘图线宽、模式、风格
ForeColor、BackColor	前景、背景颜色

4．图形方法

在对象上使用图形方法，对象可以是窗体或图片框，默认时为当前窗体。绘图方法的功能见表 1-14-2。

表 1-14-2　绘图方法的功能

方法	语 法 格 式	用　　途
Circle	［对象.］Circle［［Step］（x, y），半径［，颜色］［，起始角］［，终止角］［，长短轴比率］］	画圆、圆弧、扇形，使用该方法后的当前坐标是圆心
Cls	对象. Cls	清除，使用该方法后的当前坐标是(0,0)
Line	Line［［Step］（x1, y1）］−（x2, y2）［，颜色］［，B［F］］	画直线或矩形，使用该方法后当前坐标是线终点
Pset	Pset［Step］（x,y）［，颜色］	用于画点，使用该方法后当前坐标是画出的点

14.2　实验内容

【实验目的】

（1）掌握图片框、图像框、形状控件和直线控件的常用属性、方法和基本使用。

（2）掌握程序设计时和程序运行时图形的加载。

（3）掌握常用绘图方法的使用。

【实验准备】

预习教材中有关"图形操作"的内容。

【实验内容】

1. 实验范例

设计一个图片欣赏程序,左边的图片框(Picture1)中装入一个图像框(Image1),通过滚动条控制图像框在Picture1中的移动来达到欣赏全图,右边是图像框(Image2),Strech属性为True,通过缩小图形显示了图形的全貌。程序运行的界面如图1-14-1所示。

操作步骤如下。

(1)界面设计。根据题目要求,在窗体上的合适位置上添加1个图片框、2个图像框、1个水平滚动条、1个垂直滚动条,其中Image1放在Picture1上方。如图1-14-1所示。

图1-14-1 程序运行界面

(2)属性设置。本题中窗体和控件的属性设置见表1-14-3。

表1-14-3 窗体和控件的属性设置

默认控件名	标题(Caption)	文本(Text)	其他属性
Form1	图片欣赏	无	无
Picture1	无	无	无
Image1	无	无	设计时在Picture中加载一个自选图片
Image2	无	无	设计时在Picture中加载一个自选图片
Hscroll1	无	无	无
Vscroll1	无	无	无

（3）代码编写。

```
Private Sub Form_Load()
    Vcroll1.Max = Image1.Height - Picture1.Height
    Hscroll1.Max = Image1.Width - Picture1.Width
    Hscroll1.SmallChange = Abs(Hscroll1.Max)/50
    Hscroll1.LargeChange = Abs(Hscroll1.Max)/10
    Vscroll1.SmallChange = Abs(Vscroll1.Max)/50
    Vscroll1.LargeChange = Abs(Vscroll1.Max)/10
End Sub
Private Sub Hscroll1_Change()
    Image1.Left = - Hscroll1.Value
End Sub
Private Sub Vscroll1_Change()
    Image1.Top = - Vscroll1.Value
End Sub
```

（4）调试运行。

① 调试：选择“运行”→“启动”命令，进入运行状态。观察输出结果，如出现错误，则需要结束程序并反复调试程序，直至得到正确结果。

② 运行：调试后，按 F5 键运行程序。运行结果如图 1-14-1 所示。

2．程序设计题

（1）用循环编写一个程序，在屏幕上同时显示不同的形状和填充图案，如图 1-14-2 所示。

（2）在窗体上添加 1 个图片框、1 个命令按钮（标题为“设置属性”）和 1 个水平滚动条（其属性为：Max = 5600；Min = 100；LargeChange = 200；SmallChange＝20）。程序运行后，可以通过拖动滚动条上的滚动块来放大或缩小图片框。如图 1-14-3 所示。

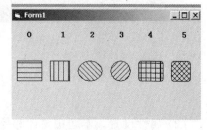

图 1-14-2　程序设计题(1)运行界面

（3）在窗体上添加 1 个计时器、2 个命令按钮和 1 个 Image1 图像框，并在其属性窗口加载一个图片，设计界面如图 1-14-4 所示。当程序运行时，单击“开始”按钮，小汽车从右向左移动，移动到最左边看不见时，再从最右边往左移动；当单击“停止”按钮时，小汽车停止不动。原“开始”按钮变为“继续”按钮，“停止”按钮被禁用。程序运行界面如图 1-14-5 所示。

图 1-14-3 程序设计题(2)运行界面

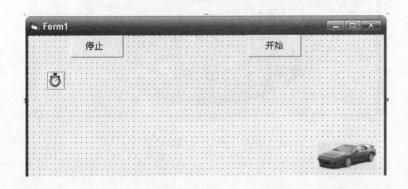

图 1-14-4 程序设计题(3)设计界面

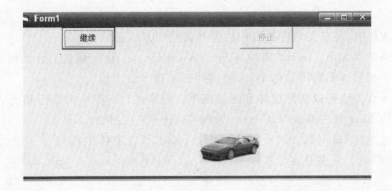

图 1-14-5 程序设计题(3)运行界面

(4) 由随机函数指定圆的半径和线条颜色,画出 1000 个圆心在窗体中间的圆。如图 1-14-6 所示。

图 1-14-6　程序设计题(4)界面

14.3　实验问答题

（1）在 VB 中，自定义坐标系可以用哪些属性和方法来定义？

（2）窗体的 Width、Height 属性与 ScaleWidth、ScaleHight 属性有什么区别？

（3）若要把窗体移到屏幕的中间，使用什么语句可以实现？

（4）用什么方法可以清除窗体和图像框中在程序运行时产生的图形和文字？

（5）当用 Line 方法画线后，CurrentX 与 CurrentY 在何处？

（6）通过语句 Line(20,30)-(50-60),vbRed,B 在窗体上添加了 1 个边框为红色的矩形，该矩形的长和宽是多少？

14.4　常见错误分析

1. 如何判断对象是否越出窗体的边界

当对象在窗体上移动时，对象是否越出窗体的上边界或左边界，不能简单地用对象的 Top<0 或对象的 Left<0 来判断,对象的 Top<0 和 Left<0 仅表示该控件对象的上边界和左边界越出窗体的上边界和左边界,而要使整个控件越出窗体的上边界和左边界,还需要加上控件的高度和宽度。

2. Cls 方法的使用

在程序中,用 Cls 方法只能清除窗体或图片框中由绘图方法绘制的图形和用 Print 方法输出的文本;若要清除由 Picture 属性加载的图形,应使用下列语句:

```
Picture1.Picture = LoadPicture("")
```

而要清除由图形控件得到的图形,则需要将该控件的 Visible 属性设置为 False。

3. Visual Basic 坐标系中旋转正向

在 Visual Basic 坐标系中,逆时针方向为正,各绘图方法都要参照此坐标系。计算对象的坐标点时,一定要注意这一点。

第二部分

Visual Basic 6.0 程序设计提高篇

实验 1

Visual Basic 多媒体设计

1.1 知识点精梳

任何一种程序设计语言都离不开操作系统,用 Visual Basic 开发多媒体程序的实质是利用了 Windows 操作系统的多媒体能力。Windows 的多媒体服务(MCI 是其主要部分)原本是为 C 或 C++访问而设计的,它向用户提供了控制不同多媒体设备的接口。VB 具有强大的多媒体功能,可播放各类音频、视频、动画等多媒体数据文件,或驱动 CD 播放器、图像采集、扫描仪等多种多媒体设备。VB 编写多媒体应用程序主要有 3 种方法:使用 MMControl 控件、调用 API 函数、应用 OLE 控件。

1. 使用 MMControl 控件

MMControl 控件是 VB 提供的专门管理媒体控制接口 MCI 的 Active X 控件。MCI 是 Windows 系统中标准的多媒体处理系统,它驱动各种不同的多媒体设备,形成统一的高层次软件接口。编制多媒体应用程序时仅需对 MCI 编程,无须涉及各种低层的设备驱动和多媒体操作基础程序。

要使用 MMControl 控件,首先应选择"工程"→"部件"命令,在弹出的"部件"对话框中选中 Microsoft Mulimedia Control 6.0 复选框,单击"确定"按钮后就可以在工具箱中看到控件图标。

使用 MMControl 控件编写多媒体应用程序的一般步骤如下。

(1) 用 MMControl 控件的 Device 属性设定多媒体设备类型;

(2) 涉及到媒体文件时,用 FileName 属性指定文件;

(3) 用 Command 属性的 Open 值打开媒体设备;

(4) 用 Command 属性的其他值控制媒体设备;

(5) 对特殊键进行编程;

(6) 用 Command 属性的 Close 值关闭媒体设备。

2．调用 API 函数

多媒体函数动态链接库是 Winmm. dll，里面有 100 多个多媒体 API 函数，利用它们查询和控制 MCI 设备非常方便，可以用来开发复杂的多媒体应用程序。VB 编写多媒体应用程序经常使用的 API 函数有 mciExecute()、mciSendString()和 mciSendCommand()。

要调用这些函数，必须在 VB 应用程序中先对函数进行声明。方法是：在 API 浏览器中打开包含在文本文件或 Microsoft Jet 数据库中的过程声明语句、常数和类型，将代码复制到 VB 应用程序中。

Windows API 中 MCI 函数 MCI 指令有两种风格：命令-字符串接口（command-string interface）和命令-消息接口（command-message interface）。Windows API 中提供了 3 组 MCI 函数（全以 mci 词首开始）见表 2-1-1。

表　2-1-1

接　　口	函　　数
command-string interface：	mciSendString()；mciExecute()
command-message interface	mciSendCommand()；mciGetDeviceID()
csi and cmi mix interface	mciGetErrorString()；mciSetYieldProc()（VB 中不支持后者）

MCI 指令还有其相对固定的格式，即：

```
command device_name arguments[wait][notify]
```

其中：command 表示要使用的 MCI 指令，如 play 等；devicename 表示设备名称或文件名，如 cdaudio 等；argements 表示参数。

3．应用 OLE 控件

在 VB 开发多媒体应用程序时，可以通过 OLE 控件来控制多媒体对象。多媒体播放器的链接和嵌入既可以在设计时建立，也可以在运行时创建。在 OLE 容器控件中一次只能放入一个对象，但同一窗口上可以含有多个 OLE 容器控件，各有自己的对象。

1.2　实验内容

【实验目的】

(1) 掌握 MMControl 控件编写多媒体应用程序的方法。

(2) 掌握 API 函数设计多媒体应用程序的方法。

(3) 掌握 OLE 控件编写多媒体应用程序的方法。

【实验准备】

阅读多媒体程序设计的内容。

【实验内容】

1. 实验范例

利用 MCI 函数 mciSendString 设计一个 CD 播放器。

操作步骤如下。

（1）界面设计。根据题目要求可以添加 4 个 Command 控件，4 个 Label 控件，1 个时钟控件。

（2）属性设置。窗体和控件的属性设置见表 2-1-2。

表 2-1-2　窗体和控件的属性设置

默认控件名	Caption	Name	其他属性
Form1	CD 播放器	Form1	
Command1	播放	cmdplay	
Command2	暂停	cmdPause	
Command3	停止	cmdstop	
Commamd4	弹出	cmdeject	
Label1	当前曲号：	Label1	
Label2	当前曲长：	Label2	
Label3		Lbstatus	
Label4		Lbtime	
Timer1			Interval＝2000

（3）代码编写。添加一个模块写入如下声明：

```
Option Explicit
Public Declare Function mciSendString Lib " winmm. dll" Alias " mciSendStringA" ( ByVal
lpstrCommand As String, ByVal lpstrReturnString As String, ByVal uReturnLength As Long,
ByVal hwndCallback As Long) As Long '调用 API 函数
Public result As Integer
Public returnstring As String * 128
Public currenttrack_number As Integer
```

程序代码如下：

```
Private Sub cmdplay_click() '播放按钮
result = mciSendString("play cdaudio", returnstring, 1, 0)
```

```
Form1.Timer1.Enabled = True
End Sub
```

Private Sub cmdPause_click( ) '暂停按钮

```
Form1.Timer1.Enabled = False
result = mciSendString("pause cdaudio", returnstring, 127, 0)
End Sub
```

Private Sub cmdstop_click( ) '停止按钮

```
Form1.Timer1.Enabled = False
result = mciSendString("stop cdaudio", returnstring, 127, 0)
result = mciSendString("close cdaudio", returnstring, 127, 0)
End Sub
```

Private Sub cmdeject_click( ) '弹出按钮

```
Form1.Timer1.Enabled = False
result = mciSendString("stop cdaudio", returnstring, 127, 0)
result = mciSendString("close cdaudio", returnstring, 127, 0)
result = mciSendString("set cdaudio door open", returnstring, 127, 0)
End Sub
```

Private Sub form_load( )

```
result = mciSendString("close cdaudio", returnstring, 127, 0)
result = mciSendString("open cdaudio shareable", returnstring, 127, 0)
If result <> 0 Then
MsgBox "不能打开 cdaudio 设备!", 16, "错误"
End
Else
result = mciSendString("status cdaudio number of tracks", returnstring, 127, 0)
lbstatus.Caption = Left $ (returnstring, InStr(returnstring, Chr $ (0)) - 1)
'清除多余的字符
result = mciSendString("status cdaudio current track", returnstring, 127, 0)
currenttrack_number = Left $ (returnstring, InStr(returnstring, Chr $ (0)) - 1)
'得到当前的歌曲号
result = mciSendString("status cdaudio length track " & currenttrack_number, returnstring,
127, 0)
lbtime.Caption = Left $ (Left $ (returnstring, InStr(returnstring, Chr $ (0)) - 1), 5)
'得到当前的歌曲时间
End If
Form1.Timer1.Enabled = False
End Sub


Private Sub Timer1_Timer( )
result = mciSendString("status cdaudio current track", returnstring, 127, 0)
currenttrack_number = Left $ (returnstring, InStr(returnstring, Chr $ (0)) - 1)
'得到当前的歌曲号
lbstatus.Caption = currenttrack_number
result = mciSendString("status cdaudio length track " & currenttrack_number, returnstring,
```

127, 0)

lbtime.Caption = Left $ (Left $ (returnstring, InStr(returnstring, Chr $ (0)) - 1), 5)

'得到当前的歌曲时间

End Sub

2. 实验习题

（1）使用 MMControl 控件设计一个数字视频文件播放器。

（2）完善实验范例程序，自行增加功能，如：显示曲目的当前时间长度；增加跳曲按钮；完善暂停功能等。

（3）使用 API 函数 mciSendString 设计一个简单的 MP3 播放器。

实验 2

Visual Basic 图像功能设计

2.1　知识点精梳

图像的特殊效果编程不仅能美化程序界面,而且能使程序具有特殊功能。图像的特殊效果编程处理常用在游戏、多媒体、屏幕保护以及动画等程序当中,用 Visual Basic 6.0 编制这类程序时,既要用到 VB 自身拥有的处理图片功能,又可能用到第三方控件或调用 API 函数来实现。在本次实验中着重介绍图形处理所涉及的内容,如图形大小的变换、旋转、钝化、柔化、浮雕、淡入淡出等操作。

1. 图形的重绘

所谓重绘图形是指使用绘图方法在窗体或图片上绘制的图形,部分或全部地被另外的窗体或对象覆盖了,而一旦这些覆盖物被移走,被覆盖的图形如何重新显示。

重绘图形有两种方法:一种是在绘图前将窗体或图片框的 AutoRedraw 属性设置为 True;另一种是将绘图方法程序代码放到窗体或图片框的 Paint 事件过程中。

(1) AutoRedraw 属性:用于确定图片框或窗体中(用绘图方法绘制)的图形在覆盖它的对象移走后是否重新显示,它的值是布尔型,—1(True)为真,0(False)为假。如果把图片框的 AutoRedraw 属性设置为 True,当最小化的窗体图标还原为标准化的窗体时,PictureBox 中的图形会自动重新显示,或者覆盖此图片框的其他窗口被移走后,图形也重新显示。如果 AutoRedraw 属性被设置为 False,则图片框中的图形不会自动重新显示。

对于以图标、位图、图元文件形式加载的图形,与 AutoRedraw 属性设置值无关,因为 VB 能保存并自动重绘这些图形。只有在程序中用绘图方法绘制的图形及放置的文本才需要用 AutoRedraw 属性,此外,如果 AutoRedraw 属性被设置为 False,而又需要能自动重绘图形的话,可将绘图语句放在图片框的 Paint 事件中。

(2) Paint 事件:是在窗体或图片框上的覆盖窗口移开后被触发或者窗体加载、最小化、还原、最大化时被触发的事件。因此,该事件可用于重绘图片框或窗体中用 Circle、Line 等方法绘制的图形,使用时只需要将这些绘图方法放在此事件过程中就可以了。

2．图形的变换

使用 PaintPicture 方法,可以在窗体、图片框和 Printer 对象上的任何地方绘制图形,对图形进行复制、翻转、改变大小、重新定位、水平或垂直翻转等操作。

2.2　实验内容

【实验目的】

掌握 Windows API 函数的调用与使用方法。

【实验准备】

阅读 Windows API 函数的调用与使用方法的相关内容。

【实验内容】

1．实验范例

【例 2-2-1】　实现对图像的浮雕效果的处理。"浮雕处理"的算法是:计算源图像的像素值与前一个相邻的像素值的差值,并与一个常数(如 128)求和,然后将该值取绝对值作为处理后的图像的像素值。实现代码如下:

```
r1 = Abs(r1 - r2 + 128)
g1 = Abs(g1 - g2 + 128)
b1 = Abs(b1 - b2 + 128)
Picture2.PSet (x0, y0), RGB(r1, g1, b1)
```

r1、g1、b1 为源图像某点(x,y)像素值的 R、G、B 分量,r2、g2、b2 为点(x,y)的相邻点(x+1,y+1)像素值的 R、G、B 分量。

操作步骤如下。

(1) 界面设计。根据题目要求,按照图 2-2-1 所示在窗体上添加 2 个图片框、1 个命令按钮。

(2) 属性设置。本题中窗体和控件的属性设置见表 2-2-1。

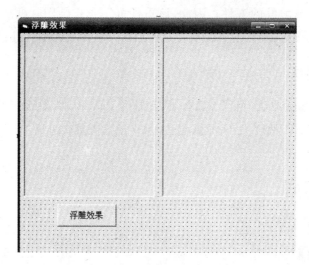

图 2-2-1　例 2-2-1 设计界面

表 2-2-1　窗体和控件的属性设置

控　件	属　性	设　置　值
Form	Name	Form1
	Caption	浮雕效果
	ScaleMode	3
CommandButton	Name	Command1
	Caption	浮雕效果
PictureBox	Name	Picture1
	ScaleMode	3
	AutoSize	True
	AutoRedraw	True
PictureBox	Name	Picture2
	AutoSize	True
	AutoRedraw	True

（3）代码编写。

```
Private Sub Command1_Click()
Dim r2, g2, b2 As Integer
Dim r1, g1, b1 As Integer
Dim c1 As Long
Dim c2 As Long
Dim x0 As Integer
Dim y0 As Integer
Screen.MousePointer = 11
For x0 = 1 To Picture1.Width - 2
For y0 = 1 To Picture2.Height - 2
c1 = Picture1.Point(x0, y0)
```

```
r1 = (c1 And &HFF)
g1 = (c1 And 62580) / 256
b1 = (c1 And &HFF0000) / 65536
c2 = Picture1.Point(x0 + 1, y0 + 1)
r2 = (c2 And &HFF)
g2 = (c2 And 62580) / 256
b2 = (c2 And &HFF0000) / 65536
r1 = Abs(r1 - r2 + 128)
g1 = Abs(g1 - g2 + 128)
b1 = Abs(b1 - b2 + 128)
If r1 > 255 Then r1 = 255
If r1 < 0 Then r1 = 0
If b1 > 255 Then b1 = 255
If b1 < 0 Then b1 = 0
If g1 > 255 Then g1 = 255
If g1 < 0 Then g1 = 0
Picture2.PSet (x0, y0), RGB(r1, g1, b1)
DoEvents
Next
Next
Screen.MousePointer = 0
End Sub

Private Sub Form_Load()
Picture1.Picture = LoadPicture("f:\55.jpg")
End Sub
```

（4）调试运行。选择"运行"→"启动"命令,进入运行状态。观察输出结果,如出现错误,则需要结束程序并反复调试程序,直至得到正确结果。如图 2-2-2 是程序运行的初始界面,在程序窗口中单击"浮雕效果"按钮,结果如图 2-2-3 所示。

图 2-2-2　程序运行的初始界面

图 2-2-3　程序的运行结果

【**例 2-2-2**】　编写一个程序实现将两幅图像合并为一幅图像，并可以设置合并方式及前景图在背景图中的位置。实现合成图像的代码如下：

```
Picture3.Width = Picture2.Width
Picture3.Height = Picture2.Height
'合成后的图像和背景图保持同样大小
Picture3.Picture = Picture2.Picture
If mode = 1 Then
    Picture3.PaintPicture Picture1.Picture, pleft, ptop, , , , , , , &H8800C6
    ElseIf mode = 2 Then
    Picture3.PaintPicture Picture1.Picture, pleft, ptop, , , , , , , &H660046
    ElseIf mode = 3 Then
    Picture3.PaintPicture Picture1.Picture, pleft, ptop
    End If
```

在代码中，首先将 Picture3 设置为与 Picture2 同样大小，也就是说，合并后的图像尺寸与背景图像尺寸一致，然后将背景图像复制到 Picture3 中，最后根据设置的模式，将前景图像也传送到 Picture3 中，完成图像的合成。

操作步骤如下。

(1) 界面设计。根据题目要求，在窗体上添加 3 个图片框、5 个命令按钮、2 个 Slider 控件、2 个 Label 控件、1 个 CommonDialog 控件和 1 个 Frame 控件，向 Frame 控件中添加 3 个 OptionButton 控件。设计完成的界面如图 2-2-4 所示。

窗体中各控件的作用如下。

① 2 个滑块控件(Slider)控制前景图像在背景图像中合成的位置。

② 2 个 Label 控件说明 2 个 Slider 控件各自控制的方向。

③ "选择前景"按钮通过对话框选择前景图像并在 Picture1 中显示。

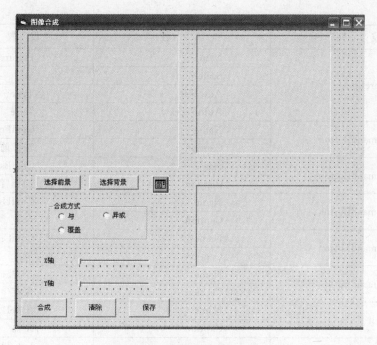

图 2-2-4　图像合成设计界面

④"选择背景"按钮通过对话框选择背景图像并在 Picture2 中显示。

⑤各单选按钮设置图像合并方式。

⑥"合成"按钮用于合并前景图像和背景图像并在 Picture3 中显示。

⑦"清除"按钮用来清除合成图像中的前景图像。

⑧"保存"按钮用来保存合成的图像。

（2）属性设置。本题中窗体和控件的属性设置见表 2-2-2。

表 2-2-2　窗体和控件的属性设置

控　件	属　性	设　置　值
Form	Name	Form1
	ScaleMode	3
	Caption	图像合成
Frame	Name	Frame1
	Caption	合成方式
PictureBox	Name	Picture1
	ScaleMode	3
	AutoSize	True
	AutoRedraw	True
PictureBox	Name	Picture2
	ScaleMode	3
	AutoSize	True
	AutoRedraw	True

控　件	属　性	设　置　值
PictureBox	Name	Picture3
	ScaleMode	3
	AutoSize	True
	AutoRedraw	Ture
CommandButton	Name	CmdFore
	Caption	选择前景
CommandButton	Name	CmdBack
	Caption	选择背景
CommandButton	Name	CmdUnite
	Caption	合成
CommandButton	Name	CmdCls
	Caption	清除
CommandButton	Name	CmdSave
	Caption	保存
Label1	Name	Label1
	Caption	X 轴
Label2	Name	Label2
	Caption	Y 轴
Slider	Name	SliderX
Slider	Name	SliderY
OptionButton	Name	Option1
	Caption	与
OptionButton	Name	Option2
	Caption	异或
OptionButton	Name	Option3
	Caption	覆盖
CommonDialog	Name	CmnDlg1
	CancelError	True

（3）代码编写。

```
Dim pleft As Integer
Dim ptop As Integer
Dim mode As Integer

Private Sub cmdback_Click()
'打开背景图像
On Error GoTo err_handle
cmndlg1.DialogTitle = "打开"
cmndlg1.ShowOpen
Picture2.Picture = LoadPicture(cmndlg1.FileName)
Exit Sub
```

```
err_handle: Exit Sub
End Sub


Private Sub cmdcls_Click()
'清除合成图像中的前景图像
Picture3.Cls
End Sub


Private Sub cmdfore_Click()
'打开前景图像
On Error GoTo err_handle
cmndlg1.DialogTitle = "打开"
cmndlg1.ShowOpen
Picture1.Picture = LoadPicture(cmndlg1.FileName)
Exit Sub
err_handle: Exit Sub
End Sub


Private Sub cmdsave_Click()
'保存合成的图像
cmndlg1.InitDir = "d:\"
cmndlg1.DialogTitle = "保存"
cmndlg1.ShowSave
cmndlg1.Filter = "位图文件( * .bmp)| * .bmp"
SavePicture Picture3.Image, cmndlg1.FileName
Exit Sub
End Sub


Private Sub cmdunite_Click()
'合成前景图像和背景图像
Picture3.Width = Picture2.Width
Picture3.Height = Picture2.Height
'合成后的图像和背景图保持同样大小
Picture3.Picture = Picture2.Picture
If mode = 1 Then
  Picture3.PaintPicture Picture1.Picture, pleft, ptop, , , , , , , &H8800C6
  ElseIf mode = 2 Then
  Picture3.PaintPicture Picture1.Picture, pleft, ptop, , , , , , , &H660046
  ElseIf mode = 3 Then
  Picture3.PaintPicture Picture1.Picture, pleft, ptop
  End If
```

```
    End Sub


    Private Sub Form_Load()
    SliderX.Max = Picture1.Width
    SliderY.Max = Picture1.Height
    mode = 1
    End Sub


    Private Sub Option1_Click()
    '设置合并方式
    If Option1.Value = True Then mode = 1
    End Sub


    Private Sub Option2_Click()
    If Option2.Value = True Then mode = 2
    End Sub


    Private Sub Option3_Click()
    If Option3.Value = True Then mode = 3
    End Sub


    Private Sub SliderX_Click()
    '设置 X 轴和 Y 轴方向的偏移量
    pleft = SliderX.Value
    End Sub


    Private Sub SliderY_Click()
    ptop = SliderX.Value
    End Sub
```

（4）调试运行。选择"运行"→"启动"命令,进入运行状态。观察输出结果,如出现错误,则需要结束程序并反复调试程序,直至得到正确结果。在程序运行后单击"选择前景"按钮,通过对话框选择一个图像文件并显示在第 1 个图像框中,再单击"选择背景"按钮,通过对话框选择一个图像文件并显示在第 2 个图像框中,此时的界面如图 2-2-5 所示。

选中"合成方式"选项区域中的"与"单选按钮,单击"合成"按钮,合成图像如图 2-2-6 所示,此时如果调整滑块可以使前景图像的位置发生变化。即前景图像的位置可以在背景图像的上下左右调整,直到前景图像在背景图像的正中间。

选择"合成方式"为"异或",单击"合成"按钮,合成效果如图 2-2-7 所示。

选择"合成方式"为"覆盖",单击"合成"按钮,合成效果如图 2-2-8 所示。

图 2-2-5 程序运行界面

图 2-2-6 "合成方式"为"与"的运行效果

图 2-2-7 "合成方式"为"异或"的运行效果

图 2-2-8 "合成方式"为"覆盖"的运行效果

2．实验习题

（1）使用 PictureClip 控件实现从图像中剪切出指定的区域，并将剪切出的图像显示在图像框中，然后以 BMP 格式保存。

（2）使用 Windows API 函数的 Bitblt 声明实现真彩图像淡入淡出效果。

实验 3

Visual Basic 动画设计

3.1 知识点精梳

Visual Basic 6.0 既简单实用,又可以实现美丽多彩的动画效果,充分利用 VB 所具有的各种功能,可以实现多种动画效果。

动画是一种运动的模拟,也可以说是不同图画一帧一帧逐个出现的效果,其实现方法是在屏幕上快速地显示一组相关的图像。因此,实现动画的基础是图像的显示和使图像快速、定时地移动或变化。动画由两个基本部分组成:一是物体相对屏幕的运动,即屏幕级动画;二是物体内部的运动,即相对符号的动画。制作动画的原理就是显示完一幅图形,清除它的屏幕显示部分,再在新位置显示第二幅图形,如此交替下去,利用人眼的视觉效应,就可以产生动画效果。VB 实现动画的原理也如此,但 VB 不要求编程人员详细了解图形如何再现和清除,这些工作由 VB 提供的工具来做,这样就使 VB 实现动画很方便,编程也很简捷。

一、基本原理

1. 装入图像

在 Visual Basic 中,用 LoadPicture 函数将 BMP、ICO 和 WMF 格式的图像文件装入内存,并将函数返回值赋予 Image 对象的 Picture 属性,便能在 Image 对象中显示图像。

(1) 用 Image 对象的 Move 方法移动图像,其 Left 和 Top 属性指示 Image 对象的当前左上角位置。

(2) 调用 LoadPicture 函数装载不同的图像,并赋给 Image 对象的 Picture 属性,将在对象中显示不同的图像,即实现图像变化。

(3) 修改 Image 对象的 Width 或 Height 属性可以缩放图像。使用 Timer 控件可以实现定时控制。Timer 对象的 Interval 属性可以设置定时间隔,即调用 Timer 事件过程的时间间隔。在 Timer 事件过程中控制 Image 对象的移动或变化,便能实现动画。Timer 对象的 Interval 值决定了动画的变化或移动速度,其单位是毫秒(1/1000 秒)。Timer 对象的 Enabled 属性决定了 Timer 事件是否有效。设置 Enabled 属性为 True,将启动 Timer 事件(如启动动画);将其设置为 False 则会使 Timer 事件无效(如停止动画)。

VB 实现图形动画方面,有其独到之处。

2. 控制方法

(1) 控制移动。采用控制移动技术可实现屏幕级动画,而控制移动方式又分为两种:一种是在程序运行过程中,随时更改控制的位置坐标 Left 和 Top 属性,使控制出现动态;另一种是对控制调用 Move 方法,产生移动的效果。这里的控制可以是命令按文本框、图形框、图像框及标签等。

(2) 利用动画按钮控制

在 VB 的工具箱中,专门提供了一个动画按钮控制(Animated Button Control)进行动画设计,该工具在 Windows\system 子目录下以 Anibuton. vbx 文件存放,用时可加入到项目文件中,这种方法实现动画的过程与电影胶片的放映极为相似,它将多幅图像装入内存,并赋予序号,通过定时或鼠标操作进行图像的切换,通过这种方法可实现相对符号的动画。

此控制的有关属性介绍如下。

① Picture 和 Frame 属性:Picture 属性可装入多幅图像,由 Frame 属性作为控制多幅图像数组的索引,通过选择 Frame 值来指定访问或装入哪一幅图像,这里的 Picture 属性可装入. bmp、. ico、. wmf 文件。

② Cycle 属性:该属性可设置动画控制中多幅图像的显示方式。

③ PictDrawMode 属性:该属性设置控制的大小与装入图像大小之间的调整关系。

④ Speed 属性:表示动态切换多幅图的速度,以毫秒(ms)为单位,一般小于 100。

⑤ Specialop 属性:该属性在程序运行时设置,与定时器连用来模拟鼠标的 Click 操作,不需要用户操作触发,由系统自动触发进行动态图的切换。

(3) 利用图片剪切控制

该控制提供一个控制上存储多个图像或图标信息的技术,正如用动画按钮一样,它保存 Windows 资源并可快速访问多幅图像,该控制的访问方式不是依次切换多幅图,而是先将多幅图放置在一个控制中,然后在程序设计时利用选择控制中的区域,将图动态剪切下来放置于图片框中进行显示,程序控制每间隔一定时间剪切并显示一幅图,这样便产生了动画效果。该工具以 Picelip. vbx 文件存放于 Windows\system 子目录中,需要时可装入项目文件中。

与控制有关的属性介绍如下。

① Rows Cols 属性:规定该控制总的行列数。

② Picture 属性:装入图像信息,仅能装入位图。

③ ClipWidth、ClipHeight 属性：表示需要剪切图的大小，即指定剪切区域。

④ Clip 属性：设计时无效，执行时只读，用于返回图像信息。

⑤ Grahiceell 属性：该属性为一个数组，用于访问 Picture 属性装入图像中的第一个图像元素。

⑥ StretchX、Stretch Y 属性：设计时无效，执行时只读，在被选中图像装入复制时，定义大小显示区域，单位为像素（pixels）。

3. 用 PictureClip、Animation 等控件组合就可轻松实现动画

PictureClip 控件本身并不能显示图像，它是依靠与 Picture 控件或 Image 控件的组合来完成动画的。PictureClip 控件就像是一个图片仓库，所不同的是，仓库中的图片只有一张。PictureClip 控件将此图片平均分成若干区域，程序运行时 PictureClip 控件将指定的区域赋值给一个显示控件的有关属性，如 Picture 控件的 Picture 属性。

4. 使用 AniPushButton（AniButton）控件

AniPushButton 控件包含了大量的属性、方法、事件供程序设计使用。

首先在 Picture 和 Frame 属性中装入图像文件，Picture 的属性可以装入多幅图像文件，Frame 属性是 Picture 属性装入图像的索引，Frame 属性为 1 时对应第一个图像文件。值得注意的是，Frame 只能从 1 开始，而图像数组可以从 0 开始，这两个属性可以在属性设计时设置，也可以在程序中设置，Picture 属性可以装入.bmp、.ico、.wmf 等文件，其他格式的图像文件可以用 Photoshop 或 SEA 等软件进行格式转换。动画的图像文件装入时，不是装入一幅图像文件，而是要在 Frame 属性的控制下，装入多幅图像文件，Frame 为 1，Picture 装入第一幅图像文件，Frame 为 2，Picture 装入第二幅图像文件，依次类推，将可产生动画效果的各种图像依次装入 Picture 属性中。

① PicDrawMode 属性：用于设置显示图像与装入图像之间的比例关系。0 表示按设计的大小装入图像，1 表示按图像的大小自动调整边框的大小，2 表示图像按控制的大小放大或缩小原图。

② Caption 属性：为了不影响动画的效果，这里清空 Caption 属性。

③ Speed 属性：表示动态切换每幅图的速度以毫秒（ms）为单位，值越大，切换速度越慢。

④ SpecialOp 属性：该属性在设计时无效，只在程序运行时设置，其值为 1 时，表示模拟鼠标的 Click 操作，不由用户操作触发，而由系统自动触发动画按钮，使控件执行 Click 功能。

5. 使用 Image 实现动画效果

该功能用定时器控件来设置移动和转动的速度，其速度还与程序中设定的步长有关系。

6. 用 VB 的 Move 方法实现动画效果

通过定时器的中断,每隔一定时间在屏幕上移动图片的位置,并且改变图片的形态,于是利用视觉的暂存效应,就可以看到动画效果,图像位置的移动由 Move 方法来实现。Move 方法使用的格式见表 2-3-1。

表 2-3-1 Move 方法的使用格式

参　　数	含　　义
object	可选的,一个对象表达式,其值为"应用于"列表中的一个对象。如果省略 object,带有焦点的窗体默认为 object
left	必需的。单精度值,指示 object 左边的水平坐标(X 轴)
top	可选的。单精度值,指示 object 顶边的垂直坐标(Y 轴)
width	可选的。单精度值,指示 object 新的宽度
height	可选的。单精度值,指示 object 新的高度

说明:只有 left 参数是必需的。但是,要指定任何其他的参数,必须先指定出现在语法中该参数前面的全部参数。如果不先指定 left 和 top 参数,则无法指定 width 参数。任何没有指定尾部的参数保持不变。

屏幕上的窗体或 Frame 中的控件总是相对于左上角的原点(0,0)移动的。移动 Frame 对象或 PictureBox 中的控件(或 MDIForm 对象中的 MDI 子窗体)时,使用该容器对象的坐标系统。坐标系统或度量单位是在设计时,用 ScaleMode 属性设置的。在运行时,使用 Scale 方法可以更改该坐标系统。

7. 通过绘图函数以及坐标系统实现动画

在 VB 中进行绘图或者确定图片位置时,都离不开坐标系统。除使用线条、形状等控件来直接绘图外,有时还需要在程序中使用绘图函数来进行绘图。具体知识请参阅配套教材《Visual Basic 程序设计》,或参阅 VB 6.0 自带的 MSDN 参考。

二、动画实现类型概述

1. 无位移动画

无位移动画是指动画对象不移动,但图像不断变化,其典型例子是翻书。实现无位移动画的方法是:设置好 Image 对象和 Timer 对象后,在 Timer 事件过程中调用 LoadPicture 函数装载不同的图像,并赋予 Image 对象的 Picture 属性,使对象中显示不同的图像,即实现图像变化。

2. 单帧位移动画

单帧位移动画是指同一幅图像的位置不断变化而形成的动画,其典型实例是云彩被风吹动。编制单帧位移动画的方法是在 Timer 事件过程中调用 Image 对象的 Move 方法来移动图像。

3．多帧位移动画

多帧位移动画是最复杂的动画,综合了无位移动画和单帧位移动画的特点。自然界的运动大多数都具有多帧位移的特点,如小鸟的飞翔,在小鸟位置移动的同时,其翅膀也在扇动。实现多帧位移动画需要在 Timer 事件过程中,同时处理 Image 对象的图像更替和位置移动。

4．缩放动画

气球的膨胀或缩小、心脏的跳动等都是缩放动画的典型例子。在 Timer 事件过程中修改 Image 对象的 Width、Height 属性,便可实现缩放动画。但如果要表现物体的同心缩放,还应同时移动 Image 对象。

3.2　实验内容

【实验目的】

重点掌握如何利用 API 函数和 VB6.0 的相关控件生成动画效果,通过 Timer 控件控制动画的显示频率、绘画函数在动画设计中的应用以及 Windows API 函数在动画编程中的作用。

【实验准备】

熟悉 Windows API 函数的合理声明及使用。可以直接复制其函数的声明方式,这方面的参考资料很多,一般不要手动输入(错误一出现,就很难发现),最好应用 VB 6.0 自带的外接程序 API 浏览器来声明。

【实验内容】

1．实验范例

【例 2-3-1】　使用 ShockWavrFlash 控件播放 Flash 动画。

操作步骤如下。

(1) 界面设计。新建一个 EXE 工程,选择"工程"→"部件"命令,在弹出的"部件"对话框的"控件"选项卡中，选中 ShockWaveFlash 复选框，单击"确定"按钮。向窗体中添加一个 ShockWaveFlash 控件和两个 CommandButton 控件，并设置窗体和控件的属性。如图 2-3-1 所示。

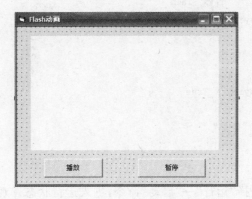

图 2-3-1　Flash 动画程序界面

（2）属性设置。本题中窗体和对象的属性设置见表 2-3-2。

表 2-3-2　窗体和对象的属性设置

类　型	属　性	属　性　值
Form	Name	Form1
	Caption	Flash 动画
	StartUpPosition	2
CommandButton	Name	Command1
	Caption	播放
CommandButton	Name	Command2
	Caption	暂停
ShockWaveFlash	Name	ShockWaveFlash1
	WMode	Window
	Play	True
	Loop	True
	Qua;ity	1
	Menu	True
	Scale	ShowAll
	DeviceFont	False
	EmbedMovie	False

（3）代码编写。

```
Private Sub Command1_Click()
ShockwaveFlash1.Movie = App.Path & "\6-2.swf"
'读取同一目录下的Flash动画文件
ShockwaveFlash1.Play
Command1.Enabled = False
```

```
End Sub

Private Sub Command2_Click()
If Command2.Caption = "暂停" Then
ShockwaveFlash1.Playing = False
'停止动画
Command2.Caption = "继续"
Else
ShockwaveFlash1.Playing = True
'继续动画
Command2.Caption = "暂停"
End If
End Sub
```

（4）调试运行。选择"运行"→"启动"命令,进入运行状态。观察输出结果,如出现错误,则需要结束程序并反复调试程序,直至得到正确结果。保存工程文件,按 F5 键运行程序后,界面如图 2-3-2 所示。单击"播放"按钮后即可播放动画,如图 2-3-3 所示。此时"播放"按钮变成灰色。单击"暂停"按钮后,动画暂停播放,如图 2-3-4 所示。此时原"暂停"按钮变成"继续"按钮,如果单击"继续"按钮,即可重新播放动画。

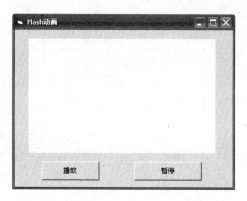

图 2-3-2　Flash 动画程序运行界面

图 2-3-3　播 放 动 画

图 2-3-4 暂停播放

【**例 2-3-2**】 使用 API 函数的 Bitblt 声明、Timer 控件、Interval 属性来生成动画程序,播放骏马奔腾的动画。

操作步骤如下。

(1)界面设计。新建一个 EXE 工程,在需显示动画的窗体(Form1)上添加一个 Image 控件,设置它的 Name 属性为 imgLeopard,选中这个控件,按 Ctrl+C(复制)键,然后按 Ctrl+V(粘贴)键,这时 VB 会提示是否建立一个控件数组,单击"是"按钮,共复制 6 次,生成的图像框数组分别由 imgLeopard(0)~imgLeopard(5)标志,对应设置它们的 Picture 属性为 jmbt0. bmp~jmbt5. bmp。再添加 Picture、Frame、Timer、HScrollBar 控件各一个。如图 2-3-5 所示。

(2)属性设置。本题中窗体和控件的属性设置见表 2-3-3。未列出的属性使用默认值。

图 2-3-5 骏马奔腾程序界面

表 2-3-3 窗体和控件的属性设置

控　　件	属　　性	设　置　值
Image	Name	picAnimate
	Picture	（工程文件所处路径）\jmbt. bmp
Frame	Name	fraSpeed
Timer	Internal	100
Picture	Name	picAnimate
HscrollBar	Name	hsbSpeed
	Min	1
	Large	300
	SmallChange	10
	LargeChange	50

（3）代码编写。

```vb
Option Explicit
Private Sub Form_Load()
'设定图片的初始位置
picAnimate.Left = 0 - picAnimate.Width
picAnimate.Top = 500
End Sub


Private Sub Form_Resize()                    '窗体改变大小时触发该事件
'设置滑动条的位置
fraSpeed.Left = (ScaleWidth - fraSpeed.Width) / 2
fraSpeed.Top = (ScaleHeight - fraSpeed.Height) / 2
End Sub


Private Sub Form_Unload(Cancel As Integer)
'关闭所有窗体
End
End Sub


Private Sub hsbSpeed_Change()                '单击时产生该事件
Timer1.Interval = hsbSpeed.Value            '根据 hsbSpeed 的值设定 timer1 的 Interval 值
End Sub


Private Sub hsbSpeed_Scroll()               '拖动时产生该事件
Timer1.Interval = hsbSpeed.Value            '根据 hsbSpeed 的值设定 timer1 的 Interval 值
End Sub


Private Sub Timer1_Timer()
'静态变量,每次 CurrentPic 的值将保存
'指示当前应显示哪张图片
```

```
Static currentpic As Integer

'判断是否最后一张图片,若是,则置为 - 1
If currentpic = 6 Then currentpic = - 1
'移动到下一张图片
currentpic = currentpic + 1
picAnimate.Left = picAnimate.Left + 400    '把图片向右移动

'判断图片是否移到窗体外
'设为 - 3600'能使图片再次出现在窗体上生成轻微的延迟
If (picAnimate.Left) > ScaleWidth Then picAnimate.Left = - 3600
'把当前图片赋值给 picAnimat
picAnimate.Picture = imgLeopard(currentpic).Picture
End Sub
```

（4）调试运行。选择"运行"→"启动"命令,进入运行状态。观察输出结果,如出现错误,则需要结束程序并反复调试程序,直至得到正确结果。保存工程文件,按 F5 键运行程序后,界面如图 2-3-6 所示。通过调整速度,骏马奔腾的速度也会变。

图 2-3-6　骏马奔腾程序运行结果

2．实验习题

（1）设计一个幻灯片动画程序,程序启动时,在窗体中显示一张图片,单击图片,则开始切换图片；再次单击图片,则停止切换图片。

（2）设计一个图像放大和缩小的动画。

第三部分

Visual Basic 6.0 综合练习题及解答

习题 1

Visual Basic 环境和程序设计初步

一、选择题

1. Visual Basic 是一种面向对象的程序设计语言,构成对象的三要素是(　　)。

A. 属性、控件和方法　　　　　　　　B. 属性、事件和方法

C. 窗体、控件和过程　　　　　　　　D. 控件、过程和模块

2. 关于 Visual Basic "方法"的概念错误的是(　　)。

A. 方法是对象的一部分

B. 方法是预先定义好的操作

C. 方法是对事件的响应

D. 方法用于完成某些特定的功能

3. Visual Basic 的编程机制是(　　)。

A. 可视化　　　　　B. 面向对象　　　　　C. 面向图形　　　　　D. 事件驱动

4. 在设计阶段,当双击窗体上的某个控件时,所打开的窗口是(　　)。

A. 工程资源管理器窗口　　　　　　　B. 工具箱窗口

C. 代码窗口　　　　　　　　　　　　D. 属性窗口

5. 窗体的标题栏显示内容由窗体对象的(　　)属性决定。

A. BackColor　　　B. BackStyle　　　　C. Text　　　　　D. Caption

6. 以下叙述中正确的是(　　)。

A. 窗体的 Name 属性指定窗体的名称,用来标识一个窗体

B. 窗体的 Name 属性的值是显示在窗体标题栏中的文本

C. 可以在运行期间改变对象的 Name 属性的值

D. 对象的 Name 属性值可以为空

7. 标签框所显示的内容,由(　　)属性值决定。

A. Text　　　　　B. Name　　　　　C. Caption　　　　　D. Alignment

8. 文本框的(　　)属性用于设置或返回文本框中的文本内容。

A. Text　　　　　B. (名称)　　　　C. Caption　　　　　D. Name

9. 若要求在文本框中输入密码时文本框中只显示 * 号,则应在此文本框的属性窗口

中设置（　　）。

    A．Text 属性值为 *　　　　　　　　　　B．Caption 属性值为 *

    C．Password 属性值为空　　　　　　　D．PasswordChar 属性值为 *

    10．程序运行时，若要通过回车键调用某命令按钮的 Click 事件过程，则可设置该命令按钮的（　　）属性值为 True。

    A．Value　　　　　B．Enabled　　　　C．Default　　　　D．Cancel

    11．如果要在命令按钮上显示图形文件，应设置命令按钮的（　　）。

    A．Style 属性和 Graphics 属性　　　　B．Style 属性和 Picture 属性

    C．Picture 属性　　　　　　　　　　　D．Graphics 属性

    12．为了把焦点移到某个指定的控件，所使用的方法是（　　）。

    A．SetFocus　　　　B．Visible　　　　C．Refresh　　　　D．GetFocus

二、填空题

    1．VB 是一种面向_____的可视化程序设计语言，采取了_____的编程机制。

    2．VB 的对象主要分为_____和_____两大类。

    3．在 VB 中，用来描述对象外部特征的量称之为对象的_____。

    4．_____和控件是创建界面的基本构件，也是创建应用程序所使用的对象。

    5．VB 有 3 种工作模式，分别为_____模式、_____模式和_____模式。

    6．如果要在单击命令按钮时执行一段代码，则应将这段代码写在_____事件过程中。

    7．一个工程可以包括多种类型的文件，其中，扩展名为.vbp 的文件表示_____文件；扩展名为.frm 的文件表示_____文件。

三、判断题

    1．设在窗体上有两个命令按钮，其中一个命令按钮的名称为 cmda，则另一个命令按钮的名称不能是 cmdA。（　　）

    2．对于事件驱动型应用程序，每次运行时的执行顺序可以不一样。（　　）

    3．设置属性的语句格式为"对象名.属性名＝属性值"。（　　）

    4．窗体大小只能通过拖动窗体边框来设置。（　　）

数据类型、运算符和表达式

一、选择题

1. 下面的变量名合法的是(　　)。

A. k_name　　　　　B. k ame　　　　　C. name　　　　　D. k-name

2. 下列符号中哪个是 VB 程序中合法的变量名(　　)。

A. 7ab　　　　　B. ab7　　　　　C. If　　　　　D. a * bc

3. 在 VB 的基本数据类型中,通用类型(Variant)可以表示任何类型的变量,如果有定义 Dim a,则以下变量赋值中正确的是(　　)。

A. a＝"OK"　　　B. A$＝OK　　　C. a＝04/01/2001　　D. a$＝"OK"

4. 表达式 12000 ＋ "129" & 200 的值是(　　)。

A. 12329　　　B. "12129200"　　　C. "12000129200"　　D. "12329"

5. 在窗体上添加一个命令按钮和一个文本框,并在命令按钮中编写如下代码:

```
Private Sub Command1_Click()
    a = 1.2
    C = Len(Str$(A). + Space(10))
    Text1.Text = C
End Sub
```

程序运行后,单击命令按钮,在文本框中显示(　　)。

A. 3　　　　　B. 8　　　　　C. 14　　　　　D. 10

6. X 是小于 100 的非负数,用 VB 表达式表达正确的是(　　)。

A. 0≤X≤100

B. 0<＝X<100

C. 0<＝X and X<100

D. 0≤X<100

7. 可以同时删除字符串前导和尾部空白的函数是(　　)。

A. Ltrim　　　　　B. Rtrim　　　　　C. Trim　　　　　D. Mid

8. 如果在立即窗口中执行以下操作:

a＝8 <CR> (<CR>是回车键,下同)

b＝9 <CR>

print a>b <CR>

则输出结果是(　　　)。

A. －1　　　　　　B. 0　　　　　　C. False　　　　　D. True

9. 有如下程序:

```
a$ = "Flying ": b$ = "IS": C$ = "funny!"
Print a$ + " " + LCase$(b$) + " " + UCase$(c$)
End
```

运行后输出的结果是(　　　)。

A. Flying IS funny!　　　　　　　　B. Flying is FUNNY!

C. Flying IS FUNNY!　　　　　　　　D. FLYING IS FUNNY!

10. Rnd 函数不能产生的值是(　　　)。

A. 0　　　　　　　B. 0.1256　　　　　C. 0.99999　　　　D. 1

11. 下面(　　　)不是字符串常量。

A. "你好"　　　　　B. ""　　　　　　C. "True"　　　　　D. ♯False♯

12. 表达式 Val(".123E2CD")的值是(　　　)。

A. 123　　　　　　B. 12.3　　　　　　C. 0　　　　　　　D. 123E2CD

13. 逻辑与(AND)运算的结果为"真",与它所连接的两个条件必须是(　　　)。

A. 前一个为"真",后一个为"假"

B. 前一个为"假",后一个也为"假"

C. 前一个为"真",后一个也为"真"

D. 前一个为"假",后一个为"真"

14. Randomize 语句的功能是(　　　)。

A. 产生一个(0,1)之间的随机小数

B. 产生一个(11,10]之间的随机整数

C. 产生一个(－1,1)之间的随机小数

D. 产生新的随机整数

15. 函数 Ucase(Mid("Visual Basic",8,8))的值为(　　　)。

A. visual　　　　　B. basic　　　　　C. VISUAL　　　　D. BASIC

16. 表达式"Turbo"+"c">"Title"+"Basic"的值是(　　　)。

A. True　　　　　　B. False　　　　　C. Null　　　　　　D. 出错信息

17. 可获得当前系统日期的函数是(　　　)。

A. Date( )　　　　　B. Time( )　　　　C. IsDate( )　　　　D. Year( )

二、判断题

1. 4AB 和 AB 都可以作为 VB 的变量名。(　　　)

2. 变量名的长度最长可达 225 个字符。(　　　)

3. VB 的赋值语句只能给变量赋值。(　　　)

4. 在 VB 中,字符型常量应使用"♯"号将其括起来。(　　　)

习题 3 顺序结构程序设计

一、选择题

1. 在一行内写多条语句时,语句之间要用某个符号分隔,这个符号是( )。

A. , B. ; C. 、 D. :

2. Print 方法可以在窗体、桌面、标题栏、立即窗口、图片框、状态栏、打印机、代码窗口中的( )个对象上输出数据。

A. 3 B. 4 C. 5 D. 6

3. InputBox 函数返回值的类型为( )。

A. 数值 B. 字符串

C. 变体 D. 数值或字符串(视输入的数据而定)

4. 设有如下语句:

```
Dim x as Integer
x = val(inputbox("输入数值","对话框",10))
print x
```

程序运行后,如果从键盘上输入数值 50 并单击"取消"按钮,则下列叙述中正确的是( )。

A. 在窗体上输出的信息是 10 B. 在窗体上输出的信息是 50

C. 在窗体上输出的信息是 0 D. 显示出错信息

5. VB 中可用( )语句产生一消息框。

A. InputBox B. Shift C. Both D. MsgBox

6. 在 MsgBox 函数中哪一个参数是必须的( )。

A. prompt B. buttons C. title D. context

7. 以下语句的输出结果是( )。

```
Print Format $ (32548.5,"000,000.00")
```

A. 32548.5 B. 32,548.5 C. 032,548.50 D. 32,548.50

8. 有如下程序：

```
Private Sub Command1_Click()
    x = 1:y = 2:z = 3
    x = y:y = z:z = x
    Print z
End Sub
```

程序运行后，单击命令按钮，则输出结果为（　　）。

A. 0　　　　　　　　B. 3　　　　　　　　C. 2　　　　　　　　D. 1

二、填空题

1. MsgBox 函数和 MsgBox 语句均返回一个整数的说法是_____。

2. 执行下面的程序段后，b 的值为_____。

```
a = 300
b = 20
a = a + b
b = a - b
a = a - b
```

3. 下列程序运行结果是_____，_____。

```
Option Explicit
Private Sub Command1_Click()
    Dim a, b As Integer
    a = 3.6
    b = 3.6
    Text1.Text = a
    Text2.Text = b
End Sub
```

4. 在窗体上添加一个命令按钮，然后编写如下事件过程：

```
Private Sub Command1_Click()
    a = InputBox("请输入一个整数")
    b = InputBox("请输入一个整数")
    Print a + b
End Sub
```

程序运行后，单击命令按钮，在输入对话框中分别输入 321 和 456，输出结果为_____。

选择结构与循环结构程序设计

一、选择题

1. 退出 For 循环可使用的语句为( )。

A. Exit For   B. Exit Do   C. End For   D. End Do

2. 有如下程序：

```
a$ = "12345": b$ = "abcde"
For j = 1 To 5
    c$ = c$ + Left$(a$,1) + Right$(b$,1)
Next j
Print c$
```

运行时输出的结果是( )。

A. a1b2c3d4e5   B. 1a2b3c4d5e   C. e1d2c3b4a5   D. 1e1e1e1e1e

3. 在窗体上添加 1 个名称为 Command1 的命令按钮和 2 个名称分别为 Text1、Text2 的文本框,然后编写如下事件过程:

```
Private Sub Command1_Click()
  n = Text1.Text
  Select Case n
    Case 1 To 20
        x = 10
    Case 2, 4, 6
        x = 20
    Case Is < 10
        x = 30
    Case 10
        x = 40
  End Select
  Text2.Text = x
End Sub
```

程序运行后,如果在文本框 Text1 中输入 10,然后单击命令按钮,则在 Text2 中显示的内容是(　　)。

  A. 10   B. 20   C. 30   D. 40

4. 以下(　　)程序段可以实施 X、Y 变量值的互换。

  A. Y＝X，X＝Y   B. Z＝X，Y＝Z，X＝Y

  C. Z＝X，X＝Y，Y＝Z   D. Z＝X，W＝Y，Y＝Z，X＝Y

5. 执行下面的程序段后，x 的值为(　　)。

```
x = 5
For i = 1 To 20 Step 2
    x = x + i\5
Next i
```

  A. 21   B. 22   C. 23   D. 24

6. 在窗体上添加 1 个命令按钮，然后编写如下事件过程：

```
Private Sub Command1_Click()
  x = 0
  Do Until x = - 1
      a = InputBox("请输入 A 的值")
      a = Val(A)
      b = InputBox("请输入 B 的值")
      b = Val(B)
      x = InputBox("请输入 x 的值")
      x = Val(x)
      a = a + b + x
  Loop
  Print a
End Sub
```

  程序运行后，单击命令按钮，依次在输入对话框中输入 5、4、3、2、1、－1，则输出结果为(　　)。

  A. 2   B. 3   C. 14   D. 15

7. 在窗体(Name 属性为 Form1)上添加 2 个文本框(其 Name 属性分别为 Text1 和 Text2)和 1 个命令按钮(Name 属性为 Command1)，然后编写如下两个事件过程：

```
Private Sub Command1_Click()
  a = Text1.Text + Text2.Text
  Print a
End Sub
Private Sub Formm_Load()
    Text1 Text = ""
    Text2 Text = ""
End sub
```

程序运行后,在第一个文本框(Text1)和第二个文本框(Text2)中分别输入 123 和
321,然后单击命令按钮,则输出结果为( )。

A. 444 　　　　　B. 321123 　　　　　C. 123321 　　　　　D. 132231

8. 在窗体上添加 1 个文本框(其中 Name 属性为 Text1),然后编写如下事件过程:

```
Private Sub Form_Load()
    Text1.Text = ""
    Text1.SetFocus
    For i = 1 To 10
    Sum = Sum + i
    Next i
    Text1.Text = Sum
  End Sub
```

上述程序的运行结果是( )。

A. 在文本框 Text1 中输出 55 　　　　　B. 在文本框 Text1 中输出 0

C. 出错 　　　　　D. 在文本框 Text1 中输出不定值

9. 在窗体上添加 2 个文本框(其 Name 属性分别为 Text1 和 Text2)和 1 个命令按
钮(其 Name 属性为 Command1),然后编写如下事件过程:

```
Private Sub Command1_Click()
  x = 0
  Do While x < 50
    x = (x + 2) * (x + 3)
    n = n + 1
  Loop
  Text1.Text = Str(n)
  Text2.Text = Str(x)
End Sub
```

程序运行后,单击命令按钮,在两个文本框中显示的值分别为( )。

A. 1 和 0 　　　　　B. 2 和 72 　　　　　C. 3 和 50 　　　　　D. 4 和 168

二、填空题

1. 以下程序段的输出结果是_____。

```
num = 0
While num <= 2
    num = num + 1
    Print num
Wend
```

2. 在窗体上添加 1 个名称为 Command1、标题为"计算"的命令按钮;添加 2 个文本
框,名称分别为 Text1 和 Text2;然后添加 4 个标签,名称分别为 Label1、Label2、Label3

和 Label4，标题分别为"操作数 1"、"操作数 2"、"运算结果"和空白；再建立一个含有 4 个单选按钮的控件数组，名称为 Option1，标题分别为"＋"、"－"、"＊"和"/"。程序运行后，在 Text1、Text2 中输入两个数值，选中一个单选按钮后单击命令按钮，相应的计算结果显示在 Label4 中，程序运行情况如下图所示。请在下面程序中画横线处填入适当的内容，将程序补充完整。

```
Private Sub Command1_Click()
    For i = 0 To 3
        If _____ = True then
            opt = Option1(i).Caption
        End If
    Next
    Select Case _____
        Case" + "
            Result = Val(Text1.Text) + Val(Text2.Text)
        Case" - "
            Result = Val(Text1.Text) - Val(Text2.Text)
        Case" * "
            Result = Val(Text.Text) * Val(Text2.Text)
        Case"/"
            Result = Val(Text1.Text)/Val(Text2.Text)
    End Select
    _____ = Result
End Sub
```

习题 5

常用控件

一、选择题

1. 刚建立一个新的标准 EXE 工程后,不在工具箱中出现的控件是(　　)。

A. 单选按钮　　　　B. 图片框　　　　　C. 通用对话框　　　　D. 文本框

2. 无论何种控件,都具有一个共同属性,这个属性是(　　)。

A. Text　　　　　B. Font　　　　　C. Name　　　　　D. Caption

3. 如果设计时在属性窗口将命令按钮的(　　)属性设置为 False,则运行时按钮从窗体上消失。

A. Visible　　　　B. Enabled　　　　C. DisabledPicture　　D. Default

4. 标签控件提供了在窗体相对固定的位置显示文件的区域,和它具有同样功能的控件是(　　)。

A. 文本框　　　　　　　　　　　　　B. 命令按钮

C. 图片框　　　　　　　　　　　　　D. 以上各控件都不对

5. 文本框不具有的属性是(　　)。

A. Multiline　　　B. Caption　　　　C. Font　　　　　D. Height

6. 图形框(PictureBox)没有的属性是(　　)。

A. Picture　　　　　　　　　　　　　B. Appearance

C. Stretch　　　　　　　　　　　　　D. 以上属性都没有

7. 图像框(ImageBox)没有的属性是(　　)。

A. Picture　　　　B. Appearance　　　C. AutoSize　　　D. 以上属性都没有

8. 计时器控件的(　　)属性用于设置 Timer 事件发生的时间间隔。

A. Stretch　　　　B. Interval　　　　C. Value　　　　　D. Length

9. 滚动条的(　　)属性用于返回或设置滚动条的当前值。

A. Value　　　　　B. Max　　　　　C. Min　　　　　　D. Data

10. 若要向列表框添加列表项,可使用的方法是(　　)。

A. Add　　　　　　B. Remove　　　　C. Clear　　　　　D. AddItem

11. 以下各项中,Visual Basic 不能接收的图形文件是(　　)。

A. .ico 文件　　　　B. .jpg 文件　　　　C. .psd 文件　　　　D. .bmp 文件

12. 下面的属性中,用于自动调整图像框中图形内容的大小的是(　　)。

A. Picture　　　　B. CurrentY　　　　C. CurrentX　　　　D. Stretch

13. 以下不属于键盘事件的是(　　)。

A. KeyDown　　　　B. KeyUp　　　　C. Unload　　　　D. KeyPress

14. 为了暂时关闭计时器,应把该计时器的某个属性设置为 False ,这个属性是(　　)。

A. Visible　　　　B. Timer　　　　C. Enabled　　　　D. Tag

15. 在窗体上建立通用对话框需要添加的控件是(　　)。

A. Data 控件　　　　　　　　　　B. From 控件

C. CommonDialog 控件　　　　　　D. VBComboBox 控件

16. 假定列表框(Listl)中已有三个数据项,那么把数据项"Shanghai"添加到列表框的最后,应使用语句(　　)。

A. Listl. AddItem 3 ,"Shanghai"　　　　B. Listl. AddItem "Shanghai" ,3

C. Listl. AddItem "Shanghai" ,4　　　　D. Listl. AddItem 4 ,"Shanghai"

二、填空题

1. VB 提供的_____属性用于控制对象是否可用,当属性值为_____时,表示对象可用,当属性值为_____时,表示对象不可用。

2. VB 提供的_____属性用于控制对象是否可见,当属性值为_____时,表示对象可见,当属性值为_____时,表示对象不可见。

3. 为了在运行时把图形文件"c:\picfile. jpg"装入图片框 Picture1,所使用的语句为_____。

4. 在窗口上添加 1 个名称为 Command1 的命令按钮和一个名称为 Text1 的文本框。程序运行后,Command1 为禁用(灰色)。当向文本框中输入任何字符时,命令按钮 Command1 变为可用。请在以下程序空缺处填入适当内容。

```
Private Sub _____
   Command1.Enabled = False
End Sub
Private Sub _____
   Command1.Enabled = True
End Sub
```

5. 将通用对话框的 Action 属性设置为_____,或者调用_____方法可以激活"打开"文件对话框。

6. 将通用对话框的 Action 属性设置为_____,或者调用_____方法可以激活"颜色"对话框。

7. 在激活"字体"对话框之前没有设置_____属性会出现"没有安装字体…"的提

示信息。

三、判断题

1. 若用户在键盘上按下一个键，则会产生一个单击事件（Click 事件）。　　（　　）

2. 设置 Visible 属性同设置 Enabled 属性的功能是相同的，都是使控件处于失效状态。　　（　　）

3. 滚动条的重要事件是 Change 和 Scroll。　　（　　）

4. 框架的主要作用是将控件进行分组，以完成各自相对独立的功能。　　（　　）

5. 组合框是组合了文本框和列表框的特性而形成的一种控件。　　（　　）

6. 计时器控件可以通过对 Visible 属性的设置，在程序运行期间显示在窗体上。

　　（　　）

四、综合应用

若某窗口（窗体名为 frm1）中，有 1 个文本框和 1 个命令按钮，只要在文本框中输入一个图像文件名（包括路径），单击命令按钮后，该图像就会成为此窗口的背景图像。请写出该命令按钮单击事件过程内的程序代码。

习题6

数组

一、选择题

1. 用下面语句定义的数组的元素个数是( )。

```
Dim A ( - 3 To 5 ) As Integer
```

A. 6   B. 7   C. 8   D. 9

2. 以下属于 Visual Basic 合法的数组元素是( )。

A. x8   B. x[8]   C. s(0)   D. v[8]

3. 下列程序段错误的是( )。

A. Dim a As Integer

    a = array(1,2,3,4)

B. Dim a(),b()

    a = array(1,2,3,4):b = a

C. Dim a As Variant

      a = array(1,"asd",true)

D. Dim a() As Variant

      a = array(1,2,3,4)

4. Option Base 1

```
Private Sub Command1_Click()
    Dim a(10),p(3) As Integer
    k = 5
    For i = 1 To 10
        a(i) = i
    Next i
    For i = 1 To 3
        p(i) = a(i * i)
    Next i
    For i = 1 To 3
        k = k + p(i) * 2
```

```
    Next i
    Print k
End Sub
```

执行以上程序后,输出结果是(　　)。

A. 33　　　　　　　B. 28　　　　　　C. 35　　　　　　D. 37

5. 在窗体上添加 1 个命令按钮,然后编写如下事件过程:

```
Option Base 1
Private Sub Command1_Click()
Dim a
a = Array(1, 2, 3, 4)
j = 1
For i = 4 To 1 Step -1
s = s + a(i) * j
j = j * 10
Next i
Print s
End Sub
```

运行上面的程序,单击命令按钮,其输出结果是(　　)。

A. 4321　　　　　　B. 12　　　　　　C. 34　　　　　　D. 1234

6. 在窗体上添加 1 个命令按钮(其 Name 属性为 Command1),然后编写如下代码:

```
Option Base 1
Private Sub Command1_Click()
    Dim a(4,4)
    For i = 1 To 4
        For j = 1 To 4
            a(i,j) = (i-1) * 3 + j
        Next j
    Next i
    For i = 3 To 4
        For j = 3 To 4
            Print a(j,i);
        Next j
        Print
    Next i
 End Sub
```

程序运行后,单击命令按钮,其输出结果为(　　)。

A. 6 9　　　　　　B. 7 10
　　7 10　　　　　　　8 11
C. 8 11　　　　　　D. 9 12
　　9 12　　　　　　　10 13

7. 对窗体编写如下代码：

```
Option Base 1
Private Sub Form_KeyPress(KeyAscii As Integer)
    a = Array(237,126,87,48,498)
    m1 = a(1)
    m2 = 1
    If KeyAscii = 97 Then
        For i = 2 To 5
            If a(i)> m1 Then
                m1 = a(i)
                m2 = i
            End If
        Next i
    End If
    Print m1
    Print m2
End Sub
```

程序运行后，按 a 键，输出结果为(　　　)。

A. 48　　　　　　　B. 237　　　　　　C. 498　　　　　　D. 498

　　 4　　　　　　　　　 1　　　　　　　　 5　　　　　　　　 4

二、填空题

1. 下面的程序用"冒泡"法将数组 a 中的 10 个整数按升序排列，请在画横线处将程序补充完整。

```
Option Base 1
Private Sub Command1_Click()
    Dim a
    a = Array(678,45,324,528,439,387,87,875,273,823)
    For i = _____
        For j = _____
            If a(i) _____ a(j) Then
                a1 = a(i)
                a(i) = a(j)
                a(j) = a1
            End If
        Next j
    Next i
    For i = 1 To 10
        Print a(i)
    Next i
End Sub
```

习题 7

过程

一、选择题

1. 如果要在程序中将 c 定义为静态变量，且为整型数，则应使用的语句是(　　)。

A. Redim a As Integer

B. Static a As Integer

C. Public a As Integer

D. Dim a As Integer

2. 声明一个变量为局部变量应该用(　　)。

A. Global　　　　B. Private　　　　C. Static　　　　D. Public

* 3. 要强制显式声明变量，可在窗体模块或标准模块的声明段中加入语句(　　)。

A. Option Base 0　　B. Option Explicit　　C. Option Base 1　　D. Option Compare

4. 假定有如下的 Sub 过程：

```
Sub S(x As Single, y As Single)
    t = x
    x = t/y
    y = t Mod y
End Sub
```

在窗体上添加 1 个命令按钮，然后编写如下事件过程：

```
Private Sub Command1_Click()
    Dim a As Single
    Dim b As Single
    a = 5
    b = 4
    S a, b
    Print a, b
End Sub
```

程序运行后，单击命令按钮，输出结果为(　　)。

A. 5　4　　　　　B. 1　1　　　　　C. 1.25　4　　　　　D. 1.25　1

5. 阅读程序：

```
Function F(a As Integer)
    b = 0
    Static c
    b = b+1
    c = c+1
    f = a+b+c
End Function
Private Sub Command1_Click ()
    Dim a As Integer
    a = 2
    For i = 1 To 3
        Print F(A)
    Next i
End Sub
```

运行上面的程序,单击命令按钮,输出结果为(　　)。

A. 4	B. 4	C. 4	D. 4
4	5	6	7
4	6	8	9

6. 阅读程序：

```
Sub subP(b() As Integer)
    For i = 1 To 4
    b(i) = 2 * i
    Next i
End Sub
Private Sub Command1_Click()
    Dim a(1 To 4)As Integer
    a (1) = 5
    a (2) = 6
    a (3) = 7
    a (4) = 8
    subP a ()
    For i = 1 To 4
        Print a(i)
    Next i
End Sub
```

运行上面的程序,单击命令按钮,输出结果为(　　)。

A. 2	B. 5	C. 10	D. 出错
4	6	12	
6	7	14	
8	8	16	

二、读程序，给结果

1. 在窗体中添加 1 个命令按钮，然后编写如下过程：

```
Function fun(ByVal num As Long)As Long
    Dim k As Long
    k = 1
    num = Abs(num)
    Do While num
        k = k * (num Mod 10)
        num = num\10
    Loop
    fun = k
End Function
Private Sub Command1_Click()
    Dim n As Long
    Dim r As Long
    n = InputBox("请输入一个数")
    n = CLng(n)
    r = fun(n)
    Print r
End Sub
```

程序运行后，单击命令按钮，在输入对话框中输入 234，输出结果为_____。

2. 在窗体中添加 1 个名称为 Command1 的命令按钮，编写如下程序：

```
Private Sub Command1_Click()
    Print pl(3,7)
End Sub
Public Function pl(x As Single,n As Integer) As Single
    If n = 0 Then
        pl = 1
    Else
        If n Mod 2 = 1 Then
            pl = x * x + n
        Else
            pl = x * x - n
        End If
    End If
End Function
```

程序运行后，输出结果为_____。

习题 8

界面设计

一、选择题

1. 下列不能打开菜单编辑器的操作是(   )。

A. 按 Ctrl＋E 键   B. 单击工具栏中的"菜单编辑器"按钮

C. 选择"工具"→"菜单编辑器"命令   D. 按 Shift＋Alt＋M 键

2. 假定有一个菜单项,名为 MenuItem,为了在运行时使该菜单项失效(变灰),应使用的语句为(   )。

A. MenuItem. Enabled＝False   B. MenuItem. Enabled＝True

C. MenuItem. Visible＝True   D. MenuItem. Visible＝False

3. 当运行程序时,系统自动执行启动窗体的某个事件过程,这个事件过程是(   )。

A. Load   B. Click   C. Unload   D. GotFocus

4. 在 Visual Basic 中,要将一个窗体加载到内存中进行预处理但不显示,应使用的语句是(   )。

A. Load   B. Show   C. Hide   D. Unload

5. 以下关于窗体描述正确的是(   )。

A. 只有用于启动的窗体可以有菜单

B. 窗体事件和其中所有控件事件的代码都放在窗体文件中

C. 窗体的名字和存盘的窗体文件名必须相同

D. 开始运行时窗体的位置只能是设计阶段时显示的位置

6. 在菜单设计时,在某菜单项(Caption)中一个字母前加以"&"符号的含义是(   )。

A. 设置该菜单项的"访问键",即该字母带有下划线,可以通过键盘操作 Ctrl＋带下划线的字母选择该菜单项

B. 设置该菜单项的"访问键",即该字母带有下划线,可以通过键盘操作 Alt＋带下划线的字母选择该菜单项

C. 设置该菜单项的"访问键",即该字母带有下划线,可以通过键盘操作 Shift＋带下划线的字母选择该菜单项

D. 在此菜单项前加上选择标记

二、填空题

1. 如果要将某个菜单项设计为分隔线,则该菜单项的标题应设置为_____。

2. 若要将窗体 Form1 隐藏起来,可使用方法_____;若要将窗体 Form1 显示出来,可使用方法_____来实现。

3. 假定建立了一个工程,该工程包括两个窗体,其名称(Name 属性)分别为 Form1 和 Form2,启动窗体为 Form1。在 Form1 中添加 1 个命令按钮 Command1,程序运行后,要求当单击该命令按钮时,Form1 窗体消失,显示窗体 Form2,请在画横线处将程序补充完整。

```
Private Sub Command1_Click()
    _____    Form1
    Form2._____
End Sub
```

文件

一、填空题

1. VB 提供了_____种访问文件的模式。

2. 根据访问模式可以把文件分为_____文件、_____文件和_____文件。

3. 顺序文件的记录长度_____。

4. 随机文件的记录长度_____。

二、综合应用

1. 编写程序,完成下列功能:单击命令按钮 Command1 后打开"C：\mydata1.txt"文件,将其中的内容读到文本框 Text1 中,然后关闭该文件。

2. 编写程序,完成下列功能:单击命令按钮 Command1 后打开"C：\mydata2.txt"文件,将文本框 Text1 的内容保存到该文件,然后关闭该文件。

练习题参考答案

习 题 1

一、选择题

1. B	2. C	3. D	4. C
5. D	6. A	7. C	8. A
9. D	10. C	11. B	12. A

二、填空题

1. 对象,事件驱动
2. 窗体,控件
3. 属性
4. 窗体
5. 设计,运行,中断
6. Click
7. 工程,窗体

三、判断题

1. √	2. √	3. √	4. ×

习 题 2

一、选择题

1. A	2. B	3. A
4. B	5. C	6. C
7. C	8. C	9. B
10. D	11. D	12. B
13. C	14. D	15. D
16. A	17. A	

二、判断题

1. ×   2. √   3. ×   4. ×

习 题 3

一、选择题

1. D   2. B   3. B   4. C
5. D   6. A   7. C   8. C

二、填空题

1. 错误的
2. 300
3. 3.6，4
4. 321456

习 题 4

一、选择题

1. A   2. D   3. A   4. C
5. A   6. A   7. C   8. C
9. B

二、填空题

1. 1
    2
    3
2. Option1(i)，opt， Text3

习 题 5

一、选择题

1. C   2. C   3. A   4. A
5. B   6. C   7. C   8. B

9. A	10. D	11. C	12. D
13. C	14. C	15. C	16. B

二、填空题

1. Enabled，True，False

2. Visible，True，False

3. Picture1.Picture ＝ LoadPicture("c:\ c:\picfile.jpg")

4. Form_Load()，　Text1_Change()

5. 1，showopen

6. 3，showcolor

7. Flags

三、判断题

1. ✕
2. ✕
3. ✓
4. ✓
5. ✓
6. ✕

习　题　6

一、选择题

1. D	2. C	3. A	4. A
5. D	6. D	7. C	

二、填空题

1 To 9 ，　i ＋ 1 To 10，　＞

习　题　7

一、选择题

1. B	2. C	3. B	4. D
5. B	6. A		

二、读程序,给结果

1. 24
2. 16　　　　　.

习　题　8

一、选择题

1. D	2. A	3. A	4. A
5. B	6. B		

二、填空题

1. 一
2. Hide,Show
3. Unload ,Show

习　题　9

一、填空题

1. 3
2. 顺序,随机,二进制
3. 不要求相同
4. 是相同的

二、综合应用

1.
```
Private Sub Command1_Click()
Open "c:\ mydata1.txt" For Input As #1
Do While Not EOF(1)
Line Input #1, a
Text1 = Text1 + a + vbCrLf
Loop
Close #1
End Sub
```

2.
```
Private Sub Command1_Click()
    Open "c:\mydata2.txt" For Output As #1
    Print #1, Text1
    Close #1
End Sub
```

Visual Basic 常见错误信息

代　码	错　误　信　息	代　码	错　误　信　息
1	编译/运行错误	76	路径未找到
5	非法函数调用	91	对象变量未设置
6	溢出	92	FOR 循环未初始化
7	内存不足	93	无效的模式串
9	数组下标超界	94	非法使用 NULL
10	重复定义	290	错误的数据格式
11	除数为零	291	外部应用程序退出
13	类型不匹配	320	在指定的文件中不能使用字符设备名
17	无法继续运行	321	无效文件格式
19	未重复运行,主要用于错误处理	335	不能访问注册表
28	堆栈空间不足	336	ActiveX 部件不能正确注册
35	子程序或函数未定义	337	未找到 ActiveX 部件
51	Visual Basic 内部错误	338	ActiveX 部件不能正确运行
52	文件名或文件号错误	340	控件数组中该元素不存在
53	文件没有找到	342	没有足够空间分配给控件数组
54	文件模式(Mode)不符	360	对象已加载
55	文件已打开	361	无法加载或卸载该对象
57	设备 I/O 错误	362	无法删除建立的控件
58	文件已经存在	363	找不到指定的 ActiveX 控件
59	文件记录长度错误	364	对象未卸载
61	磁盘已满	366	无 MDI 窗体可供装入
62	输入超过文件尾	380	无效属性值
63	文件记录号错误	381	无效属性数组索引
64	错误的文件名	382	运行阶段无法设置该属性
67	文件太多	383	属性只读
68	设备未准备好	385	使用属性数组,必须指定索引
70	拒绝请求	386	运行阶段无法使用该属性
71	磁盘未准备好	387	属性设置不允许
74	不同驱动器无法改名	390	未定义的值
75	路径/文件名错误	391	名字不可用

续表

代　码	错　误　信　息	代　码	错　误　信　息
392	MDI 子窗口不能隐藏	643	属性找不到
393	该属性只能写入	647	删除方法需要名称参数
395	不能用分隔条作为菜单项名称	2420	数字语法错误
420	无效的对象引用	2421	日期语法错误
421	该对象无此方法	2422	字符串语法错误
422	属性找不到	2424	非法名称
424	需要对象	2425	非法函数名
425	使用无效的对象	2426	函数在表达式中不可用
426	只能有一个 MDI 窗体	2431	语法错误
427	无效的对象类型，只能是菜单控件	2437	非法使用垂直滚动条
428	弹出式菜单至少要有一个子菜单	2439	函数的参数个数不对
429	ActiveX 部件不能创建对象	2440	IIF 函数缺"（）"
438	对象不支持该属性或方法	2442	非法使用括号
460	无效的剪贴板格式	2443	非法使用 Is 操作符
461	指定的格式与数据式不匹配	2445	表达式太复杂
480	无法创建 AutoRedraw	2446	运算时内存溢出
481	无效图片	2450	窗体引用非法
482	打印机错误	2453	控件引用非法
520	不能清除剪切板	2455	属性引用非法
521	无法打开剪切板	2467	表达式中所指的对象不存在
607	欲存取尚未打开的数据库	2474	没有控件激活
630	属性只读	2475	没有窗体激活

Visual Basic 常用内部函数

函 数 名 称	功　　能
Abs(x)	以相同的数据类型返回一个数字 x 的绝对值
Asc(s)	返回指定字符串 s 中第一个字符的 ASCII 码值
Atn(x)	以双精度浮点数的形式返回指定数字 x 的反正切值
Cdate(s)	将字符串 s 转化为日期类型
Chr(n)	返回指定的 ASCII 代码 n 所对应的字符
Cos(x)	以双精度浮点数的形式返回一个角度 x 的余弦值
CStr(n)	将一个数值 n 转化为字符串类型
CurDir()	返回当前的路径
Date()	返回当前系统日期
DataValue(s)	返回一个变体类型的日期
Day(d)	返回一个 1~31 范围内的整数，用来表示一月中的某一天
DoEvents()	将控制权转移给 Windows 操作系统，以便操作系统能够处理其他事件
Eof(n)	顺序文件或随机文件中，当文件指针到文件尾部时，返回真，否则返回假
Error(n)	返回指定的错误代码 n 所对应的错误信息
Exp(X)	以双精度浮点数的形式返回以 e(自然对数的底)为底的指数
FileDataTime(s)	返回指定文件 s 初次建立或最后一次修改的日期和时间
FileLen(S)	返回指定文件 s 的长度(字节数)
Fix(x)	返回一个数字 x 的整数部分
Format(e,f)	根据格式表达式 f 的要求以变体字符串的形式返回经过格式化的表达式 e
FreeFile()	返回 Open 命令使用的下一个有效的文件号码
Hex(n)	以字符串的形式返回 n 的十六进制值
Hour(t)	返回一个 0~23 范围内的整数，用代表一天中的某个小时
Iif(e,v1,v2)	根据指定条件表达式 e 的值，True 时返回 v1，否则返回 v2
1nput(n,fn)	从已打开的指定文件 fn 中返回 n 个字符
InputBox	输入对话框函数。在对话框中显示一行提示信息，等待用户输入文本，以字符串的形式返回文本框中的内容
Int(x)	返回一个不大于 x 的最大整数
IsDate(k)	返回一个布尔值用来确定指定变量 x 是否可以转换为日期格式
IsEmpty(x)	返回一个布尔值，用来确定指定变量 x 是否已经初始化
IsNumeric(x)	返回一个布尔值，用来确定指定变量 x 是否为数值类型

续表

函 数 名 称	功　　能
Lbound(a,d)	返回一个数组 a 中指定为 d 的最小可用下标
Lcase(s)	将字符串 s 中的大写转成小写,其余字符不变,并返回该值
Left(s,n)	返回指定字符串 s 中最左边的 n 个字符
Len(s)	返回指定字符串 s 的字符个数
Loc(fn)	以长整数的形式返回某个已打开文件 fn 中文件指针的当前读写位置
Log(x)	以双精度浮点数的形式返回一个数字 x 的自然对数
Ltrim(s)	删除指定字符串 s 的首部空格,并返回该字符串
Mid(s,n,m)	返回指定字符串 s 中第 n 个字符开始连续 m 个字符
Minute(t)	返回一个 0～59 范围内的整数,用来代表一小时中的某一分钟
Month(d)	返回一个 1～12 范围内的整数,用来代表一年中的某个月份
MsgBox	消息函数。在一个对话框中显示一行提示信息,等待用户单击某个按钮,以短整数的形式返回用户选定的按钮的代码
Now0	返回当前系统的日期和时间
Oct(x)	以字符串的形式返回一个数字的八进制值
QBColor(n)	返回指定的颜色代码,n 取值为 0～15
RGB(r,g,b)	返回一个红、绿、蓝三色(RGB)的组合值,r,g,b 取值为 0～255
Right(s,n)	返回指定字符串 s 中最右边 n 个字符
Rnd0	以单精度浮点数的形式返回一个随机数,数值范围：[0,1)
Rtrim(s)	删除指定字符串 s 的尾部空格,并返回该字符串
Second(t)	返回秒数(0～59 范围内)
Seek(fn)	返回文件指针的当前读写位置
Sgn(x)	返回 1、−1 或 0,分别代表 x 是正数、负数和零
Shell(s)	执行程序,如果执行成功返回该程序的任务识别代码,否则返回 0
Sin(x)	以双精度浮点数的形式返回一个角度 x 的正弦值
Space(n)	返回 n 个的空格
Spc(n)	在 Print♯命令或 Print 方法中插入空格,以确定数据输出位置
Sqr(x)	以双精度浮点数的形式返回一个数 x(不小于 0)的平方根
Str(x)	将一个数字 x 转换成对应的数字字符串,并返回该字符串
String(n,c)	返回由 n 个同一个字符 c 组成的字符串
Tab(n)	在 Print♯命令或 Print 方法中插入制表符或空格,以确定数据输出位置
Tan(x)	返回一个角度的正切值
Time()	返回当前的系统时间
Timer()	返回自午夜以来所经过的秒数
TimeValue(t)	以变体的形式返回一个时间
Trim(s)	删除指定字符串 s 的首部和尾部空格,并返回该字符串
Ubound(a,[d])	返回一个数组 a 中指定为 d 的最大可用上标
Ucase(s)	将指定字符串 s 中的全部小写字母换成对应的大写字母,而其余字符不变,并返回该值
Val(s)	将一个字符串 s 中第一个连续可表示成数值的子字符串转化成对应的数值并返回
VarType(x)	返回指定变量 x 的数据类型值
Weekday(d)	返回一个用来表示一星期中某一天的整数
Year(d)	返回一个用来表示年份的整数

参 考 文 献

[1] 龚沛曾,杨志强,陆慰民.Visual Basic 程序设计实验指导与测试.北京:高等教育出版社,2007.

[2] 罗朝盛,等.Visual Basic 程序设计实验指导与习题.北京:清华大学出版社,2004.

[3] 白康生,等.Visual Basic 程序设计学习和实验指导.北京:清华大学出版社,2007.

[4] 陈建军,等.Visual Basic 6.0 实验指导.北京:科学出版社,2004.

[5] 刘璐,等.Visual Basic 程序设计与上机指导.北京:清华大学出版社,2007.

[6] 刘炳文.Visual Basic 程序设计试题汇编.北京:清华大学出版社,2004.

[7] 林伟健,等.Visual Basic 程序设计实验指导与习题解答.北京:电子工业出版社,2003.

[8] 何瑞麟,等.Visual Basic 程序设计教程.北京:科学出版社,2007.

[9] 王兴晶,等.Visual Basic 6.0 应用编程 150 例.北京:电子工业出版社,2004.

相关课程教材推荐

ISBN	书　　名	定价(元)
9787302161837	嵌入式技术基础与实践	39.00
9787302161813	嵌入式技术基础与实践实验指导	19.00
9787302109693	J2ME 移动设备程序设计	29.00
9787302172574	计算机网络管理技术	25.00
9787302168003	计算机组成与系统结构	34.00
9787302109013	微机原理、汇编与接口技术	28.00
9787302142867	XML 实用技术教程	25.00
9787302167327	微机组成与组装技术及应用教程	29.50
9787302119715	计算机硬件技术基础	23.00
9787302147640	汇编语言程序设计教程(第 2 版)	28.00
9787302153542	DSPs 原理及应用教程	26.00
9787302146902	信号与系统(第二版)	34.00
9787302160670	电子技术	34.00

以上教材样书可以免费赠送给授课教师,如果需要,请发电子邮件与我们联系。

教学资源支持

敬爱的教师:

感谢您一直以来对清华版计算机教材的支持和爱护。为了配合本课程的教学需要,本教材配有配套的电子教案(素材),有需求的教师可以与我们联系,我们将向使用本教材进行教学的教师免费赠送电子教案(素材),希望有助于教学活动的开展。

相关信息请拨打电话 010-62776969 或发送电子邮件至 weijj@tup.tsinghua.edu.cn 咨询,也可以到清华大学出版社主页(http://www.tup.com.cn 或 http://www.tup.tsinghua.edu.cn)上查询和下载。

如果您在使用本教材的过程中遇到了什么问题,或者有相关教材出版计划,也请您发邮件或来信告诉我们,以便我们更好为您服务。

地址:北京市海淀区双清路学研大厦 A 座 708　　计算机与信息分社魏江江　收
邮编:100084　　　　　　　　　　　电子邮件:weijj@tup.tsinghua.edu.cn
电话:010-62770175-4604　　　　　邮购电话:010-62786544